L'IMMENSE

TRÉSOR DES MARCHANDS DE VINS

En gros et en détail

PARIS — TYPOGRAPHIE MORRIS ET Cⁱ

Rue Amelot, 64

L'IMMENSE

TRÉSOR

DES

MARCHANDS DE VINS

En gros et en détail

2me ÉDITION, REVUE ET CONSIDÉRABLEMENT AUGMENTÉE

PAR

L. F. DUBIEF

ANCIEN MARCHAND DE VINS

Distillateur-Chimiste, auteur de plusieurs ouvrages sur les vins naturels et les
vins factices, réimprimés en France et traduits à l'étranger,
et de plusieurs vins factices admis à l'Exposition nationale, après l'analyse
qui en a été faite par les plus célèbres chimistes de Paris

PRIX : 3 FR. 50 C.

PARIS

LIBRAIRIE SCIENTIFIQUE, INDUSTRIELLE & AGRICOLE E. LACROIX

15, QUAI MALAQUAIS, 15

ET CHEZ L'AUTEUR, 10, BOULEVARD DE FONTARABIE

1863

MANUEL
THÉORIQUE ET PRATIQUE

DU

Fabricant de Cidre et de Poiré

avec

LES MOYENS D'IMITER, AVEC LE SUC DES POMMES ET DES POIRES,
LE VIN DE RAISIN,
L'EAU-DE-VIE ET LE VINAIGRE DE VIN,

SUIVI

De l'Art de faire les vins de fruits et les vins de liqueurs artificiels,
de composer des arômes ou bouquets des vins,
et de faire avec les vins de tous les vignobles, soit les vins de la basse
Bourgogne, du Cher, de la Touraine, de Saint-Gilles, du Roussillon,
de Bordeaux et autres ;

2me ÉDITION, AVEC PLANCHES EN TAILLE-DOUCE

Prix : 2 fr. 50 c., et 3 fr. 70 c. par la poste.

TRAITÉ
THÉORIQUE ET PRATIQUE

DE

VINIFICATION

**Ou Art de faire du vin avec toutes les substances fermentescibles,
en tous temps et sous tous les climats.**

Contenant les moyens de remédier à l'intempérie des saisons relativement à
la maturité du raisin ; le tableau des phénomènes de la fermentation, et le
meilleur mode de la produire et de la diriger ; les procédés des vins de Champagne et des vins factices ; les soins qu'exigent leur gouvernement et leur conservation ; les principes pour la dégustation et l'analyse des boissons vineuses ;
accompagné de plusieurs figures représentant quelques instruments de l'invention
de l'auteur, propres à faciliter la fermentation et déterminer en quelques minutes la quotité alcoolique de chaque espèce de vins.

3me ÉDITION. — Prix : 7 fr. 50 c.

AVEC PLANCHES EN TAILLE-DOUCE

Prix : 7 fr. 50 c.

TRAITÉ

DE LA

FABRICATION DES LIQUEURS

Sans distillation

SANS FOURNEAUX ET SANS FEU

OUVRAGE COMPLET

SUIVI

De procédés inédits de l'auteur pour disposer, avec les alcools d'industrie, des
Eaux-de-vie vieilles à l'instant,
et se rapprochant beaucoup, par leur qualité, de celles de Cognac,
d'Armagnac, La Rochelle, Saintonge et autres.

DEUXIÈME ÉDITION, REVUE ET CONSIDÉRABLEMENT AUGMENTÉE

Prix : 3 fr. 50 c., et 3 fr. 70 c. par la poste

LE

LIQUORISTE DES DAMES

OU

L'Art de préparer en quelques instants, par des moyens inconnus jusqu'à
ce jour, toutes sortes de Liqueurs de table
et des parfums de toilette avec toutes les fleurs cultivées dans
les jardins, suivi
de procédés très-simples et expérimentés pour mettre les fruits à l'eau-de-vie,
faire des liqueurs et ratafias, des vins de dessert,
mousseux et non mousseux, des sirops rafraichissants, etc.

Prix : 2 fr. 50 c. et 2 fr. 70 c. par la poste.

DISCOURS PRÉLIMINAIRE

-∞-

Nous étant occupé longtemps du commerce des vins, nous avons été à même de reconnaître combien il est difficile de le faire avec avantage si l'on ne possède pas les connaissances nécessaires pour les apprécier, reconnaître leurs qualités et leurs défauts, et, selon le besoin, les mélanger dans des proportions convenables afin de les améliorer.

Comme aussi de les vieillir ou de les rajeunir, d'en corriger les défauts, d'en prévenir ou corriger

1.

les altérations, de reconnaître leur force spiritueuse et leurs falsifications. Enfin, établir de bons soutirages ou cuvées pour le commerce, pour le comptoir comme pour la bouteille; empêcher leur dégénératiou dans les fûts en vidange, etc., etc.

C'est pour venir en aide au marchand qui ne possède pas ces connaissances que nous publions le résultat de notre expérience, voulant le mettre à même de fournir au public, toujours exigeant, des vins à bon marché et de très-bonne qualité. Afin de le guider en toutes choses, nous commençons ce traité par la connaissance des vins en général et leur dégustation; les moyens de reconnaître leur force spiritueuse et leur falsification, par des moyens à la portée de tout un chacun.

Nous distinguons les vins qui peuvent se vendre en pure nature et ceux qui ne peuvent se livrer à la consommation que mélangés avec d'autres vins pour gagner en qualité, et nous disons quels vins il faut employer à cet effet, et dans quelles proportions, suivant les qualités désirées.

Nous passerons aux moyens de vieillir ou de rajeunir les vins, de les viner de manière que le vinage ne puisse se faire remarquer.

Nous continuerons en donnant les meilleures méthodes pour faire d'excellent champagne et des vins de teintes, si utiles pour colorer les vins, dont la saveur et le parfum sont des plus agréables et exempts de toute crainte d'analyse.

Nous ferons connaître encore les moyens de procurer une nouvelle fermentation à un ou plusieurs vins mélangés, afin d'en obtenir une combinaison plus parfaite et davantage de vinosité; ceux d'augmenter la quantité du vin d'un tiers en le rendant meilleur et donnant de grands bénéfices; ceux de faire d'excellents vins factices tout à fait irréprochables, pouvant bonifier certains vins ou en diminuer le prix d'achat sans en diminuer la qualité.

Ceux enfin d'améliorer les vins de lie, d'enlever tous les mauvais goût des vins, même celui de terroir et de tirer des lies un parti très-avantageux.

Au sujet des vins de liqueurs, nous démontrerons la facilité d'en imiter les diverses sortes et qualités. Nous parlerons enfin de la conservation des vins, de leur soutirage, de leur collage et de leur mise en bouteille, toutes choses indispensables à la qualité des vins et aux intérêts du marchand.

Notre seul but, en publiant cet ouvrage, est d'être utile à une des classes les plus nombreuses et les plus intéressantes du commerce. Si nous avons omis quelque chose qui intéresse nos lecteurs, nous les engageons à consulter notre *Traité de Vinification*, 3e édition, ouvrage complet et aussi important pour les commerçants de vins en gros que pour les vignerons eux-mêmes.

CHAPITRE PREMIER

—

De la connaissance des Vins

Le vin n'était autrefois en usage que comme médicament; aujourd'hui il est devenu la boisson la plus ordinaire de l'homme, comme il en est la plus variée.

Les vins vieux sont en général toniques et très-sains; ils conviennent aux estomacs débiles, aux vieillards, et dans tous les cas où il faut donner de la force; ils nourrissent peu, parce qu'ils sont dépouillés de leurs principes vraiment nutritifs, et ne contiennent pas d'autres principes que de l'alcool.

Les vins épais sont les plus nutritifs : ceux qui

sont aqueux et point sucrés sont peu nourrissants.

Les vins mousseux contiennent beaucoup d'acide carbonique, qui, à raison de son élasticité naturelle, soulève les molécules du vin, et tend sans cesse à s'échapper. Ces sortes de vins sont très-apéritifs, et sont plutôt des vins de fantaisie que des vins alimentaires et médicamenteux. Les vins nouveaux, comme les vins mousseux, ont la propriété de déterminer plus promptement l'ivresse, à cause de la quantité d'acide carbonique dont ils sont imprégnés.

Les vins diffèrent encore essentiellement par rapport à la couleur : le rouge est, en général, plus spiritueux, plus léger, plus digestif. Le blanc fournit moins d'alcool, il est plus diurétique et plus faible ; comme il a moins cuvé, il est presque toujours plus nutritif, plus gazeux que le rouge.

Les vins diffèrent enfin de qualités et de vertus, par rapport au climat, à la culture de la vigne et à la variété dans les procédés de vinification.

Les vins se distinguent par les qualités ; les noms qu'ils prennent à raison de leur état sont ceux de :

Vin sec, c'est-à-dire qui ne laisse rien d'humide dans la bouche.

Vin gras, qui mouille la bouche et l'empâte.

Vin droit, qui est franc, sans mélange.

Vin de mère-goutte, celui qui provient du moût, qui n'a pas été exprimé après sa fermentation.

Vin de pressurage, celui qui participe du moût de raisin fermenté et exprimé.

Vin de bouche, le vin de première qualité ou celui qui ne demande à d'autres vins aucun secours pour être agréable et vineux.

Vin fumeux, celui qui abonde en acide carbonique.

Vin puissant, celui qui est chaud sur l'estomac ou trop spiritueux pour être consommé dans son état naturel.

Vin de casse-poitrine ou casse-tête, celui qui est pesant sur l'estomac, dur ou âpre au goût, plus tartareux qu'alcoolique.

Vin ginguet ou plat, celui qui a peu de force.

Vin vert ou verdaut, qui n'est pas encore dans sa boîte, c'est-à-dire bon à boire.

Vin de cerneaux, celui qui n'a pas encore un an.

Vin poussé, celui qui a fermenté et qui est passé à l'état d'acescence.

Vin passé, celui qui a perdu sa qualité, qui est louche, dont les principes sont désunis.

Vin gras ou qui file, celui qui représente une gelée plus ou moins glutineuse, ou qui, en sortant de la tasse, ne s'en détache que difficilement.

Vin de lie, celui obtenu des lies laissées en repos ou obtenu par leur pression.

Gros vin, vin haut en couleur, chargé de beaucoup de tartre et de parties extractives, dont on se sert pour donner du ton et de l'intensité à des vins faibles en couleur ou au vin blanc lui-même.

Vin de fismes ou de teintes, vin ayant cinq ou six couleurs, servant, comme les précédents, à donner de la couleur à d'autres vins.

On désigne encore la qualité des vins par l'âge ; ainsi, l'on dit vin d'une, deux, trois feuilles, etc., pour vin d'un, deux, trois ans, etc.

On les distingue enfin par les noms de *vin mousseux, vin fait* et *vin de liqueur* ou *sucré*. Ce que l'on nomme *vin doux* n'est pas du vin, c'est le moût ou suc de raisin nouvellement exprimé.

CHAPITRE II

—

Appréciation et dégustation des Vins

On apprécie la qualité des vins par le concours de quelques-uns de nos organes, tels que la vue, l'odorat et le goût, pour apprécier leur couleur, leur odeur et leur goût; par les instruments de physique et de chimie pour reconnaître leurs degrés de vinosité, et par l'analyse chimique pour savoir quels sont les principes qui les constituent.

§ 1. *Appréciation des Vins par nos organes.*

En réfléchissant à la sensibilité de nos organes, rien ne paraîtra plus aisé que la dégustation des vins; cependant, rien n'est plus difficile, disons même qu'elle ne donne que des présomptions auxquelles il ne convient pas toujours de s'arrêter. En effet, un consommateur peut choisir, parmi plusieurs sortes de vins vieux, celle qui convient le mieux à son goût; mais il ne saurait apprécier des vins nouveaux qu'il aurait l'intention de laisser vieillir dans sa cave. Les marchands eux-mêmes s'y trompent, et ce n'est que dans les pays vignobles que l'on rencontre des gourmets assez habiles pour distinguer et apprécier ceux des différents crus du territoire dont ils sont depuis longtemps habitués à comparer les produits ; ces mêmes gourmets ne pourraient pas juger les vins d'un autre pays, car, n'estimant que les qualités propres à ceux de leur canton, ils sont souvent disposés à prendre pour défauts celles qui font le mérite des autres vins. C'est ainsi que les Bordelais trouvent les vins de Bourgogne trop spiritueux ; que les Bourguignons accusent les vins de Bordeaux d'être âpres et froids, et que l'un et l'autre méprisent les vins du Rhin, à cause de leur goût piquant, et ceux d'Espagne et des autres pays méridionaux parce qu'ils sont doux.

Ainsi, pour bien juger un vin qu'on ne connaît pas, il faut, après s'être informé des qualités qui le font estimer, oublier toutes celles que l'on aime à rencontrer dans d'autres, et n'y chercher que le goût et le caractère qu'il doit avoir. En conséquence, nous pensons que les gourmets de chaque vignoble sont seuls capables de bien choisir les vins de leur canton, mais qu'il n'appartient qu'à l'homme habitué à en goûter de toute espèce, sans prévention, de juger du mérite de ceux de tous pays.

Disons qu'en général, les extrêmes dans la couleur des vins ne peuvent jamais être des inductions en leur faveur; s'ils sont très-rouges, ils sont plus tartareux que vineux, proprement dit; s'ils sont paillés, ils ne contiennent pas assez d'extractif ni assez de principe alcoolique. Les vins, au contraire, d'une couleur rouge moyenne ont le préjugé en leur faveur.

La qualité des vins blancs peut se juger également par leur couleur : s'ils sont blancs et clairets, ils sont plus piquants et plus secs ; s'ils sont gris et couleur d'œil de perdrix, ils ont subi une fermentation plus complète et sont plus savoureux.

Les vins blancs clairets sont de petits vins qui ont peu de force, et qui ne peuvent se garder que très-peu de temps.

Les vins gris sont moins agréables à l'œil, mais ils sont plus faits que ceux qui précèdent ; ils ont plus de degrés de légèreté, et ils conviennent mieux comme boisson alimentaire.

Les vins blancs couleur d'œil de perdrix sont les moins agréables à la vue ; mais ils ont, d'ailleurs, des qualités estimables qui les placent dans la classe des excellents vins, et qui leur méritent la préférence sur toutes les autres espèces de vins blancs. Disons, en passant, que c'est par ces précieux côtés que l'on distingue les vins blancs de Meursault, près de la ville de Beaune.

Les bonnes qualités des vins de liqueur se reconnaissent par l'odeur, par la saveur et par leur pesanteur spécifique comparée à l'eau distillée.

En se reportant au goût général des consommateurs, les vins que l'on peut classer comme étant les plus accrédités sont ceux qui proviennent des crus ci-après :

ARDÈCHE.

VINS ROUGES.	VINS BLANCS.
Cornas.	Saint-Péray.
Saint-Joseph.	Saint-Jean.

AUBE.

VINS ROUGES.
Les Riceys.
Balnot-sur-Laigne.
Avirey-Lingey.
Bagneux-la-Fosse.

BAS-RHIN.

VINS BLANCS.

Molsheim.
Wolxheim.

BASSES-PYRÉNÉES.

VINS ROUGES.	VINS BLANCS.
Jurançon.	Jurançon.
Gan.	Gan.

COTE-D'OR.

VINS ROUGES.	VINS BLANCS.
La Romanée-Conti.	Montrachet.
Chambertin.	Chevalier Montrachet.
La Perrière.	Bâtard Montrachet.
Le Richebourg.	Les Perrières.
Musigny.	La Combotte.
Clos-Vougeot.	La Goutte-d'Or.
La Romanée-Saint-Vivant.	Les Genévrières.
La Tache.	Les Charmes.
Le clos Saint-Georges.	Le Sautenot.
— Premeau.	Le Rougeot.
— du Tart.	Meursault.
Les Porets.	
La Matroie.	
Les Bonnes-Mares.	

Clos de la Roche.
—   de Bèze.
—   de Saint-Jacques.

COTE-D'OR.

VINS ROUGES.

Clos de Mazy.
—   de Veroilles.
—   de Marjot.
—   de Saint-Jean.
Vols.
Nuits.
Chambolle.
Volnay.
Pomard.
Beaune.
Morey.
Savigny.
Meursault.
Gevrey.
Chassagne.
Aloxe.
Blagny.
Santenay.
Chenôve.

DORDOGNE.

VINS ROUGES.	VINS BLANCS.
La Terrasse.	Montbassillac.
Péchermont.	Saint-Nessans

Des Farcies.   Sancé.
Campréal.
Sainte-Foix-des-Vignes.

DROME.

VINS ROUGES.	VINS BLANCS.
Côte de l'Hermitage.	Côte de l'Hermitage.
Croses.	Merceurol.
Merceurol.	Die.
Gervant.	Vin de paille de l'Hermitage.

GIRONDE.

VINS ROUGES.	VINS BLANCS.
Clos de Laffitte.	Saint-Bris.
— Latour.	Carbonnieux.
— Château–Margaux.	Pontac.
— Haut–Brion.	Sauternes.
— Rozan.	Barsac.
— Gorse.	Preignac.
— Léoville.	Beaumes.
— Larose.	Langon.
— Brane-Mouton.	Cérons.
— Pichon-Longueville.	Pujols.
— Calon.	Hats.
Les premiers crus de :	Landiras.
Pauillac.	Virlade.
Pessac.	Sainte-Croix- du-Mont.
Saint-Estèphe.	Loupiac .

Saint-Julien.
Castelnau de Médoc.
Cantenac.
Talence.
Côtes de Canon.

HÉRAULT.

VINS ROUGES.

Chuselan.
Tavel.
Saint-Geniès.
Lirac.
Ledenon.
Saint-Laurent-des-Arbres.
Cante-Perdrix.

VINS DE LIQUEURS.

Frontignan.
Lunel.
Marseillan.
Pommerols.
Maraussan.

HAUT-RHIN.

VINS BLANCS.

Guebwiller.
Turkeim.
Riquewihr.
Ribeauvillé.
Rufat.
Pfasseinheim.
Engwiller.
Ingenheim.
Thann.
Bergholtz-Zell.

Katzthal.
Kaysersberg.
Sigolsheim.
Mittelwihr.
Hunawihr.
Ammerschwihr.
Hientzheim.
Babetheim.
Vins de liqueurs dits de paille.

JURA.

VINS BLANCS.

Arbois.
Château-Châlon.
Pupillin.
L'Étoile.
Quintigny.

LANDES.

VINS ROUGES.

Cap Breton.
Soustons.
Messange.
Vieux-Boucaud.

LOIRE.

VIN BLANC.
Château-Grillet.

LOT-ET-GARONNE.

VINS BLANCS.

Clairac.
Buzet.

MARNE.

VINS ROUGES.	VINS BLANCS.
Verzy.	Le Closet.
Verzenay.	Sillery.
Mailly.	Aï.
Saint-Basle.	Mareuil.
Bouzy.	Hautvillers.
Clos Saint-Thierry.	Pierry.
	Dissy.
	Cramant.
	Avize.
	Oger.
	Le Mesnil.
	Épernay.
	Taizy.
	Ludes.
	Chigny.
	Villers-Alleraud.
	Cumières.

PYRÉNÉES-ORIENTALES.

VINS ROUGES.

Bagnols.
Coperons.
Collioure.
Torsenilla.
Terrats.

VIN DE LIQUEUR.

Rivesaltes.

RHONE.

VINS ROUGES.

Côte-Rôtie.
Vérinay.

VIN BLANC.

Condrieux.

SAONE-ET-LOIRE.

VINS ROUGES.

Moulin-à-Vent.
Thorins.
Chenas.
Fleury.
Romanèche.
La Chapelle-Guinchet.
Mercurey.
Givry.

VINS BLANCS.

Pouilly.
Fuissey.
Solutré.
Chaintré.

VAUCLUSE.

VINS ROUGES.

Coteau-Brûlé.

Clos de la Berthe.

— de Saint-Patrice.

YONNE.

VINS ROUGES.	VINS BLANCS.
Côtes des Olivettes.	Vaumorillon.
— de Pytois.	Les Grisées.
— de Perrière.	Le Clos.
— des Préaux.	Valmur.
— de la Chaînette.	Grenouille.
— de Migraine.	Bouguereau.
— de Clairion.	Mont-de-Milieu.
— de Boivins.	Chablis.
Quétard.	
Pied-de-Rat.	
Chopette.	
Judas.	
Rosoir.	
Irancy.	
Coulanges.	

Nous avons dit que, dans l'examen d'un vin, trois de nos sens sont à consulter. Par l'organe de la vue, on aperçoit si la couleur du vin est ou foncée, moyenne ou légère, paillée ou pâle. L'œil, habitué à voir du vin, distingue assez bien si la couleur en est homogène, naturelle ou empruntée. C'est surtout dans une tasse d'argent bien brillante que le reflet de la couleur du vin vient frapper la cornée avec plus d'intensité.

Par l'odorat, on distingue l'arome du vin, et ce mode d'examen devient un indicateur rarement infidèle pour quiconque est doué d'une extrême sensibilité dans cet organe.

L'organe du goût, bien exercé, est celui des trois sens qui trompe le moins. Lorsque le vin est naturel, les principes qui le constituent forment un tout parfaitement homogène qui imprime une sensation unique sur la langue et sur la voûte du palais ; tandis que lorsqu'il est le produit d'un mélange, il n'y a qu'une simple union entre les molécules, et non une combinaison intime. En maintenant ce vin entre la langue et le palais pendant un certain temps, la chaleur de la bouche raréfie les corps les plus légers ou les plus volatils, et les rend sensibles à la voûte du palais, tandis que la partie extractive empâte la partie inférieure de la bouche ; et si le vin est aqueux, on éprouve une sensation fade qui annonce la présence de l'eau.

Mais, ainsi que nous l'avons déjà dit, ces premiers essais de l'analyse naturelle ne peuvent convenir que très-imparfaitement lorsque l'on a quelques motifs pour suspecter la qualité des vins ; dans pareille occurrence il faut donc avoir recours, pour son examen, aux instruments de physique et à l'analyse; c'est ce que nous allons entreprendre de faire connaître.

§ 2. *Appréciation des Vins par les instruments de physique.*

Le thermomètre et l'œnomètre ou pèse-vin sont des instruments de physique trop connus pour en faire la description, et dont l'usage est d'autant plus facile qu'ils sont très-sensibles.

Si l'on plonge un thermomètre à bain dans du vin, quelle que soit la température de l'atmosphère dans laquelle soit placé le vase qui contient ce vin, le mercure ou l'alcool, destinés dans cet instrument à marquer le degré de température du fluide ou du vin dans lequel il plonge, s'élèvera ou s'abaissera conformément à la température qui appartient au liquide.

Or, on sait que les liquides ont une température plus ou moins haute, selon leur densité ou leur légèreté ; plus la liqueur du thermomètre s'élèvera, plus le vin sera réputé contenir d'alcool. Le cas contraire désignera une moindre quantité. Cette expérience doit être faite comparativement avec de l'eau comme liquide régulateur et comparateur invariable.

Parmi les instruments de physique, il en existe un autre auquel le commerce a longtemps donné la préférence, connu sous le nom d'œnomètre ou pèse-vin, semblable, quant à la forme, au pèse-esprit.

L'œnomètre, plongé dans l'eau, donne 0 ; plongé dans le vin, il marque depuis zéro jusqu'à 7 degrés au-dessus ; il peut aller jusqu'à 8. Les vins les plus ordinaires marquent 2 degrés 1/2 au-dessus de 0 ; lorsqu'ils marquent 4, 5 et 6 degrés de légèreté, on peut les réputer vins généreux ou de bonne qualité.

Mais comment conseiller l'usage d'un instrument aussi sensible ? Ne sait-on pas que les vins diffèrent de qualité et varient dans quelques-uns de leurs principes constituants ? Dès lors, comment se rendre compte de la légèreté d'un vin altéré par exemple, ou davantage chargé de tartre, substance saline que contiennent tous les vins ? N'est-ce, d'ailleurs, pas un fait certain que le tartre et les parties sucrées sont en opposition directe avec l'effet du principe spiritueux ? celui-ci, tendant à dilater et rendre le vin plus léger, permet à l'œnomètre de s'y enfoncer jusqu'au degré de la légèreté qu'il possède. Le tartre, la matière sucrée, au contraire, resserrent la liqueur, la rendent plus pesante, et s'opposent d'autant plus à la pénétration de l'œnomètre qu'ils y sont en plus grande quantité.

Il résulte de la vérité de ces faits que le vin qui contiendrait en même temps 15 pour cent d'alcool et 15 pour cent de tartre, ou, si on l'aime mieux, autant d'alcool que de tartre, ne donnerait aucune preuve à l'œnomètre. Cependant, il ne posséderait pas moins les 15 pour cent d'alcool.

Enfin, dans un autre cas, si le vin est gazeux, l'œnomètre sera infidèle, à raison de l'élasticité naturelle du gaz, qui, soulevant les molécules du vin, le rendra plus léger.

Reconnaissons que ce second mode d'examen, par les instruments de physique, ne peut pas suffire encore pour asseoir un jugement décisif, et disons que le seul moyen vrai pour savoir la force réelle du vin, quels que soient les principes qui le constituent ou le degré de son altération, est sa distillation, opération que nous avons rendue des plus faciles, et mise à la portée de toutes les intelligences à l'aide d'un alcoolomètre de notre invention (1).

(1) Cet instrument, que nous nommons alcoolomètre de Dubief, n'est autre qu'un petit alambic, réunissant, dans un seul tenant de forme

§ 3. *De l'examen chimique du Vin.*

Nous aurions voulu nous dispenser, dans notre ouvrage, de parler de l'examen chimique du vin, parce que c'est faire de la science ; mais, sachant à combien de conséquences fâcheuses s'expose celui qui débite au public des vins falsifiés, nous croyons de notre devoir de l'initier dans cette opération, afin de l'en mettre à l'abri ; nous allons donc le lui faire connaître, de manière à ce que, dans un moment de doute dans ses acquisitions, il puisse opérer aussi bien que nous le ferions nous-même.

L'examen du vin peut s'opérer par les réactifs ou par l'intermédiaire du calorique, autrement dit par la chaleur.

cylindrique de 9 centimètres de diamètre sur 25 environ de hauteur (ce qui le rend très-portatif), les trois pièces de chauffage, de distillation et de condensation. Il ne laisse échapper aucune vapeur ni écoulement d'eau, et s'ouvre par le milieu comme une tabatière.

A l'aide de ce petit appareil qui permet de distiller beaucoup moins qu'un verre de vin, la distillation s'opère en quelques minutes, ce qui le rend indispensable :

Au négociant, pour apprécier la valeur alcoolique des vins, et reconnaître si les livraisons lui sont faites avec loyauté ;

Au brûleur, pour reconnaître la valeur exacte des vins qu'on lui propose, et le fixer par avance sur les bénéfices que lui donnera le vin de tel pays ou de tel propriétaire ;

Au distillateur, pour savoir à l'avance le rendement de ses cuves de fermentation ;

Au vinaigrier, pour l'aider à choisir ceux des vins qui sont les

Examen par les réactifs. On doit donner la priorité au mode d'analyse par les réactifs, parce qu'il sert à faire reconnaître spontanément si la couleur du vin est naturelle ou factice, et s'il contient des corps qui sont étrangers à ses autres principes.

On emploie, à l'effet de reconnaître si la couleur du vin rouge est naturelle ou factice, *la potasse en liqueur oxygénée*. Si l'on verse quelques gouttes de cette liqueur sur du vin, même étendu d'eau, la couleur du vin n'éprouve aucun changement si elle est naturelle ; si, au contraire, elle est factice, elle devient pourpre à l'instant même. Cette liqueur d'essai sert comme d'une pierre de touche certaine.

Ou bien encore on verse quelques gouttes de sulfate d'alumine (alun), en dissolution dans de l'eau distillée sur du vin étendu d'eau distillée, ensuite on précipite la terre alumineuse par la potasse.

Les deux moyens dont nous venons de donner connaissance étant du ressort plutôt des chimistes

plus vineux, et lui démontrer les progrès et la finition de leur acétification.

Ayant cessé de faire fonctionner ces petits appareils d'essais ; nous recommandons à nos lecteurs celui de M. Salleron, dont le dessin est représenté dans cet ouvrage, et comme étant le plus parfait pour reconnaître non-seulement la richesse alcoolique des vins, mais encore celle de tous les liquides fermentés quels qu'ils soient, même des liqueurs alcooliques.

que des commerçants en vins, nous allons conseiller à ces derniers, pour arriver au même but, l'emploi d'un des alcalis suivants :

La *potasse* rouge ou blanche en dissolution dans un peu d'eau, puis filtrée, du *sel de soude* également dissous, ou de *l'alcali volatil* sans y ajouter d'eau.

Quel que soit le réactif ci-dessus employé ou précédemment cité, l'effet sur le vin est le même. C'est-à-dire que, si la couleur du vin lui est propre, sa nuance passera spontanément du vert bien clair au vert le plus foncé, tandis que, si la couleur lui a été communiquée par une substance étrangère, ce n'est plus la couleur verte qui apparaîtra, mais des nuances opposées.

Ainsi, les vins colorés avec le tournesol se troublent et donnent un précipité violet clair :

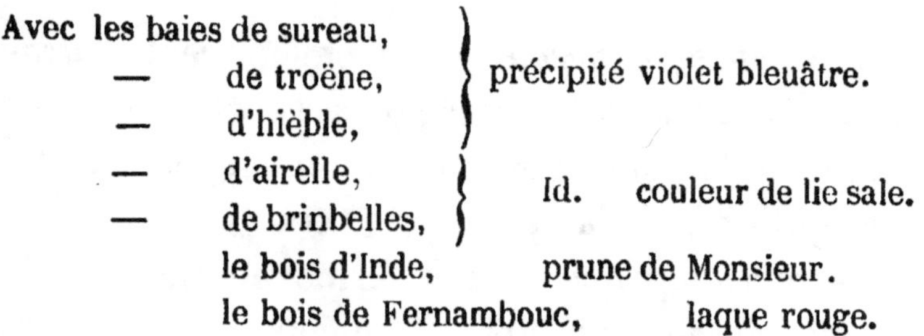

```
Avec  les baies de sureau,    ⎫
        —      de troëne,     ⎬  précipité violet bleuâtre.
        —      d'hièble,      ⎭
        —      d'airelle,     ⎫
        —      de brinbelles, ⎬  Id.    couleur de lie sale.
      le bois d'Inde,            prune de Monsieur.
      le bois de Fernambouc,     laque rouge.
```

Donc, toutes les fois qu'un des alcalis ci-dessus énumérés, uni au vin, ne lui rendra pas la couleur vert bouteille plus ou moins prononcée, suivant la coloration naturelle du vin, on peut affirmer que le vin a été coloré artificiellement.

Voilà pour la couleur.

Mais, s'il s'agit de reconnaître la présence de certains corps étrangers aux principes du vin, employons :

La barite, qui décèle la présence de l'acide sulfurique. Quelquefois les marchands qui donnent à boire chez eux ajoutent au vin du sulfate d'alumine, dans l'intention de procurer de l'altération aux buveurs ou pour écouler des vins trop mous ou trop fades.

L'acide oxalique, qui décèle la présence de la chaux. C'est avec celle-ci que les commerçants corrigent l'âpreté de l'acide malique et la saveur du vinaigre.

Les acides minéraux, particulièrement *l'acide sulfurique*, qui découvre la potasse et chasse l'acide acétique ; la potasse est souvent employée pour les vins qui tirent à l'aigre.

Le muriate calcaire, qui forme un muriate de potasse et laisse précipiter la chaux.

Le sulfure de potasse arseniqué ;

Le sulfure d'ammoniaque arseniqué ;

L'hydro-sulfure de potasse (foie de soufre) ;

Le gaz hydrogène sulfuré, l'orpiment ou réalgar, décèlent la présence du plomb à l'état d'oxyde ou litharge, par la propriété qu'ils ont de le précipiter en noir. Nous observerons, à ce sujet, que ce phénomène n'est pas toujours concluant, que souvent la teinte noire du précipité a lieu sans la présence des oxydes de plomb dans le vin, et qu'il suffit pour cela que le vin soit très-foncé en couleur, ou qu'il contienne du fer.

On avait donc besoin de trouver un agent qui ne fît découvrir dans le vin que ce qui est nuisible à la santé; et c'est ce que fait le moyen suivant qui précipite le *plomb* et le *cuivre* en noir, l'*arsenic* en orange, mais qui ne précipite pas le *fer*, métal, du reste, innocent et même salutaire à la constitution humaine, qui s'introduit dans un grand nombre de vins de différentes sortes, naturellement et par divers accidents.

On prend d'abord parties égales d'écailles d'huîtres réduites en poudre fine et de soufre cru, et on met ce mélange dans un creuset que l'on chauffe jusqu'au blanc; quand la masse est refroidie, on la réduit en poudre; ensuite on met 12 grammes de cette poudre et 18 grammes de crème de tartre dans un litre d'eau, que l'on fait bouillir très-doucement pendant une heure environ; après refroidissement et éclaircissement, on tire à clair dans une bouteille, on y ajoute cinq grammes d'esprit de sel, on remue la bouteille et on la tient toujours bouchée. Une partie de cette liqueur, mêlée avec deux parties au plus de vin, découvrira, par un précipité noir très-sensible, la plus petite quantité de cuivre ou de plomb, etc., mais n'aura aucun effet sur le fer que le vin peut contenir. Quand le dépôt des matières étrangères est fait, on peut découvrir le fer en saturant ce qui reste de vin d'un peu de corbonate de potasse, *sel de tartre*, qui fait devenir sur-le-champ la liqueur noire. Les vins bien purs restent parfaitement clairs après l'addition de cette liqueur.

Disons, en passant, que les commerçants, à la grande satisfaction des consommateurs, n'emploient plus de litharge ni d'extrait de saturne pour corriger l'acidité ou âpreté de leurs vins, depuis qu'ils savent que ces toxiques sont dangereux et que la *chaux* ou la *potasse* peuvent leur être substitués très-avantageusement et sans danger.

§ 4. *Examen du Vin par le calorique.*

L'examen du vin par le calorique, c'est-à-dire par la chaleur, a pour objet de désunir tous les principes qui le constituent, de les distinguer et d'en reconnaître les quantités : cette connaissance étant tout à fait indispensable au commerçant, nous pensons devoir la lui décrire.

On procède d'abord par la distillation du vin pour reconnaître la quantité d'alcool dont il est composé ; d'autre part, on verse du vin naturel et du vin soupçonné de falsification dans des capsules placées sur un feu doux, ou, plutôt, sur un bain de sable ou au bain-marie. Si pendant l'évaporation, qui est lente, la partie colorante ne se sépare pas du vin, elle est naturelle ; si, au contraire, elle se désunit, elle est factice. Les vins arrivant à la consistance sirupeuse, on couvre les capsules et on laisse refroidir. Voilà donc pour la force spiritueuse et pour la couleur. Passons aux autres principes.

Pendant le repos des vins, évaporés ainsi que nous venons de le dire, l'acide tartareux se dépose en cristaux au fond des capsules dans des proportions qui lui sont relatives, par conséquent variables suivant la nature des vins employés.

Et, si le vin que l'on analyse est allongé avec du cidre ou du poiré, il déposera de même de l'acide tartareux ; mais la matière extractive ou le liquide surnageant, au lieu d'avoir une saveur âpre, aura une saveur acide très-piquante.

On sépare la liqueur surnageante, on lave les cristaux de tartre avec de l'eau distillée, autant que possible. Après un nouveau repos, on décante l'eau surnageant les cristaux, on la réunit.à la matière extractive mise de côté, on fait évaporer à moitié, et on laisse en repos pour obtenir de nouveaux cristaux ; et si on répète deux fois cette même opération, on obtient tout le tartre contenu dans le vin ; alors on fait évaporer les résidus jusqu'à siccité, le produit qui reste dans les capsules se nomme extrait. Si, pendant cette dernière opération d'évaporation, le liquide se boursoufle, on a l'indice que le vin a reçu un mélange de cidre.

Si au boursouflement du liquide une odeur de sucre brûlé se répand, c'est une indication que le vin a été mélangé avec quelque vin factice mal fermenté ou des matières sucrées.

Dans ces différents cas, les produits en tartre et en extrait sont moindres que ceux obtenus dans les vins en pure nature ; et il en est de même lorsque le vin a été mouillé d'une certaine quantité d'eau, toutes circonstances qui donnent lieu à la saisie des vins lorsqu'elles sont remarquées par les dégustateurs préposés par le gouvernement.

Pour reconnaître si la partie colorante est naturelle, on soumet les résidus ou extraits à l'action de l'alcool, et on remarque la différence qu'il y a dans le ton de la couleur de l'un et de l'autre extrait et celle qui existe dans la quantité des résidus.

Si, encore, l'on fait évaporer le vin à siccité, sans en séparer le tartre qu'il peut contenir, c'est-à-dire tel quel, le vin naturel offrira une saveur rigide, âpre ; le vin allongé avec du poiré ou du cidre aura, au contraire, une transparence vitreuse et une saveur acide.

Si l'on soupçonne la présence du plomb, on fera entrer en fusion le résidu sec, en l'exposant dans un creuset à l'action d'un feu convenable, et en couvrant le creuset lors de la fusion pour le laisser refroidir ; le métal, s'il y en a, se présentera en petits globules.

La combustion des deux résidus secs, mis sur des charbons ardents, exhale une fumée dont l'odeur est bien différente. Celle du vin naturel est pénétrante et d'une odeur vineuse désagréable ; celle du vin allongé avec du cidre ou du poiré est analogue à l'odeur du sucre brûlé.

Résumé des divers moyens d'analyse du vin.

1° L'examen des vins par le concours des *sens* ne

donne que des présomptions auxquelles on ne doit s'arrêter que lorsque ces vins ne sont pas suspectés de nocuité dans leur usage et pour leur assigner une valeur pécuniaire.

2° L'instrument connu sous le nom de thermomètre ne donne que de légers indices de la qualité des vins.

3° L'œnomètre ou oinomètre, ou pèse-vin, indique leurs degrés de légèreté spécifique. Cet instrument serait sans doute commode pour apprécier la quantité d'alcool qui existe dans le vin si la présence du tartre et celle des matières extractives n'étaient pas des obstacles à cet usage, ou si, quelquefois, la légèreté du vin n'était pas due à la présence du gaz acide carbonique.

4° Les réactifs servent à faire connaître si la couleur des vins est naturelle ou factice et s'ils contiennent des corps étrangers, soit plomb, cuivre, potasse et autres.

5° L'analyse par le calorique est le complément de l'analyse des vins; elle doit se faire, par comparaison, avec des vins de la qualité et de la fidélité desquels on est sûr, et, encore, par comparaison, avec des vins que l'on soupçonne être mélangés, allongés et colorés par approximation, pour prononcer affirmativement.

6° La distillation et l'évaporation servent à présenter des données exactes sur les quantités respectives de l'alcool et des matières extractives sèches contenues dans les vins ; mais elles ne servent pas à découvrir l'addition de l'alcool dans un vin naturel ou factice, ainsi que le prétendaient nos anciens ; attendu qu'aucun genre d'analyse ne peut confirmer ce doute, l'alcool additionné ayant autant d'affinité pour l'eau et les autres principes du vin que l'alcool qui lui est propre ; il résulte que les deux alcools ne forment qu'un seul corps homogène.

Les organes des sens peuvent seuls prononcer si l'alcool appartient ou non au vin, mais ce n'est qu'au moment de son addition et peut-être pendant encore quelques semaines ; encore faut-il que cette addition soit faite avec de l'alcool autre que celui du vin, et, dans ce cas-là, ce n'est pas l'alcool additionné qui domine, mais l'odeur qui lui est inhérente.

7° L'évaporation dans les capsules décèle la coloration factice, indique les quantités de tartre, de matière extractive et la nature de cet extractif.

8° La combustion de l'extrait sec décèle l'absence ou la présence du poiré ou du cidre.

9° La fusion de l'extrait du vin décèle la quantité de plomb contenue dans le vin.

10° L'extrait sec du vin soumis à l'action de l'alcool donne la mesure de son principe colorant et décèle la couleur procurée artificiellement.

Nous savons apprécier la qualité des vins, reconnaître leur force spiritueuse, et nous possédons les moyens de reconnaître s'ils sont falsifiés ; passons à leurs distinctions.

CHAPITRE III

—

De la distinction des Vins

Que les vins soient rouges ou blancs, nous les
distinguons chacun en deux classes. Dans la première classe, nous admettons tous ceux qui, par
leur nature spéciale, plaisent aux consommateurs
tels qu'ils sortent de la cuve de fermentation ;
dans la deuxième classe, ceux qui ne deviennent
convenables qu'autant qu'ils ont été mélangés avec
d'autres vins, soit plus riches, soit plus pauvres.
Ainsi sont compris dans la première classe les vins
du Bordelais, de la Bourgogne, de la Champagne,
de la Côte-d'Or, du Gâtinais, de l'Orléanais et au-

3.

tres lieux dont la dénomination serait très-longue à énumérer, et comme deuxième classe, les vins de Bandol, Cahors, Saint-Christol, Gaillac, Narbonne, Roussillon, et généralement tous les vins noirs, épais et très-riches en couleur, et ceux dont le goût de terroir est trop prononcé.

Bien que les vins dits de première classe puissent être livrés à la consommation tels que le raisin ou la cuve de fermentation les ont produits, cependant il est des circonstances où leur qualité a besoin d'être augmentée ; nous donnerons plus loin les moyens d'y parvenir.

CHAPITRE IV

—

Du mélange ou coupage des Vins

Le coupage des vins a, en général, pour but de compenser des défauts ou des qualités contraires. Ainsi on mélange des vins noirs avec des vins trop peu colorés ou avec des vins blancs ; des vins légers, ou de peu de garde, avec des vins corsés qui assurent leur conservation ; des vins très-alcooliques, mais lourds et pâteux, avec des vins vifs et légers, etc.

Ces mélanges, lorsqu'ils sont bien assortis et faits dans des proportions convenables, produisent toujours des vins meilleurs que chacun de ceux qui

ont servi à les composer. Ces vins sont aussi salu-
bres que ceux dits *naturels* de même classe, et souvent ils sont plus agréables.

L'art de couper les vins, de les corriger les uns
par les autres est, comme on le voit, fort difficile.
Ce n'est pas seulement l'œil, le goût et l'odorat
qu'il faut consulter, mais encore les goûts des consommateurs : aussi ne pouvons-nous présenter ici
que des données générales.

Si on coupe les vins trop colorés avec des vins
qui manquent de couleur ou des vins blancs dans la
proportion nécessaire, on les amène au ton de couleur et de qualité désirées.

Les vins du Midi, chargés et épais lorsqu'ils
sont mêlés avec du vin blanc provenant d'un sol
léger et crayeux, prennent une couleur vive et
brillante, et il en résulte un fort bon vin.

Si aux vins ordinaires qui ont une verdeur,
même un goût de terroir, on mêle du vin blanc
bien franc et encore doux, on en fait un fort bon
vin : si encore on mêle du vin du Midi, net de goût,
à un vin raide ou vert, on a pour résultat une qualité de vin possédant beaucoup de fraîcheur.

Quelques brocs de vin vieux de deux ou trois
ans sur du vin qui vieillarde, lui redonnent le nerf
et la fraîcheur qu'il a perdus ; il en est de même

des vins qui commencent à passer à l'amertume.

Des vins rouges très-colorés et des vins blancs passés au jaune, mêlés ensemble, deviennent plus agréables et bien meilleurs.

Le coupage des vins ne contribue pas seulement à leur amélioration et à leur conservation, mais il contribue encore à la possibilité de leur transport dans des régions lointaines; c'est ainsi que, dans le Mâconnais, pour procurer ces qualités aux vins de Thorins, on les mêle avec le Chénas ou le Romanèche, et que le Chartose, coupé avec du Madiran, vin des Pyrénées, qui a plus de corps et plus de force, fournit un vin fort estimé dans le Nord.

Les Bordelais corrigent souvent l'âpreté de leurs vins rouges avec de l'Hermitage et les colorent avec ceux de Cahors, ceux du Gard et ceux de l'Hérault; mais ils ne font ces mélanges que quand les vins sont encore nouveaux, attendu que, réunis ensemble, ils éprouvent une continuation de fermentation insensible qui se termine par la fusion complète de ces différents vins, et donne naissance à un vin fin de bonne qualité, vendu généralement pour du Médoc.

On doit voir, par ce qui précède, que les vins à adopter et leurs proportions, doivent varier dans les mélanges en raison de leurs qualités, mais même suivant le goût des consommateurs.

A Paris, on préfère, sur le comptoir, un vin épais et capiteux à un vin léger et agréable.

Le goût des Anglais n'est pas le même que celui des Russes, et celui des Russes n'est pas non plus celui des Allemands ; aussi, le commerçant a-t-il été obligé, pour satisfaire à tous les goûts, d'étudier par tous les moyens le mélange et la combinaison des vins, et, par suite de persévérance, il est arrivé à procurer au vin, soit pur ou mélangé, une puissance de force et de qualité qu'il n'avait pas ; un de ces moyens consiste à ajouter depuis deux jusqu'à cinq litres d'alcool, et même quelquefois plus, par barrique de vin de bonne qualité, et de provoquer la fermentation à vaisseaux clos, en ajoutant deux litres environ de vin muet. Nous avons remarqué, de notre côté, que cette opération réussit d'autant mieux que le vin est plus jeune ou qu'il contient encore des principes sucrés ; de même qu'elle déterminait mieux la combinaison du coupage de plusieurs vins, principalement quand les gros vins du Midi et ceux ayant un goût prononcé de terroir formaient la plus grande partie du mélange.

Dans le Midi, on emploie au coupage les vins

d'Alicante et de Bernicarlos, ceux de l'Hermitage, du Roussillon, de Gaillac et les vins noirs.

En Bourgogne, lorsqu'il n'y a qu'une demi-récolte, on ne comble pas, mais on pourrait combler le déficit, par un mélange à partie égale des vins de Tavel, Cher, Roussillon ou Narbonne et vin blanc de l'Yonne, plus une suffisante quantité d'eau pour réduire la force vineuse du mélange à celle du vin du pays.

Ces vins une fois réunis, ne tardent pas d'éprouver une continuation de fermentation insensible, qui homogénie les principes et dont la conséquence est un vin irréprochable pouvant passer pour d'excellent bourgogne ; c'est ce que des expériences plusieurs fois répétées nous ont prouvé.

Dans le Nord, surtout à Paris, le pays des mélanges, on emploie les vins très-chargés en couleur, que l'on tire du Roussillon, du bas Languedoc, du Lot, de l'Allier, du Puy-de-Dôme, de Loir-et-Cher, du Cher, etc., et les vins blancs d'Indre-et-Loire, de l'Aisne, de l'Anjou et autres lieux.

Ainsi, pour un vin de *première qualité*, destiné au comptoir, on emploie :

Vins du Cher...................... 1 pièce.
    de Marseille................. 1 id.

de Bordeaux blanc, d'Anjou ou
Vouvray.................... 1 pièce.
de Roussillon............... 3 brocs.

Pour un autre de *deuxième qualité* :

Vins de Touraine................ 1 pièce.
ou de Bourgogne............. 1 d.-muid.
de Saint-Gilles, de Narbonne, ou
mieux de Roussillon.......... 3 brocs.

Pour un vin *ordinaire*, on peut employer :

Vins de Roussillon............... 1 pièce.
de Bourgogne .... 2 feuillettes.
Eau de rivière ou de pluie......... 1 pièce.
Alcool, bon goût................. 5 litres.
Bon vinaigre.................... 1 id.
Acide tartrique, de 4 à.......... 500 grammes.
Tannin .... 50 id.

Quand le vin a trop de couleur, on doit remplacer celui de Bourgogne en tout ou partie par du vin blanc sec.

Préparation. — Dissoudre l'acide tartrique dans l'eau, ajouter le vin de Roussillon et le vinaigre, remuer pour que l'acide tartrique puisse plus facilement faire virer la nuance du vin de Roussillon à un rouge plus vif ; réunir ensuite au mélange le tannin dissous dans l'alcool, puis l'autre vin ;

enfin, après huit à quinze jours de combinaison, coller. Le vin, au bout d'un mois, est satisfaisant, car il a pour lui d'être assez franc de goût, et de couleur, et d'être encore assez vineux.

Si nous conseillons d'attendre un mois et plus, c'est parce que la fusion complète de l'alcool, de l'eau et du vin ne peut s'opérer instantanément, et qu'une fois opérée, cette fusion produit le même effet que si la nature eût elle-même donné au vin le principe spiritueux.

Autre pour vin à la bouteille :

    Vin vieux de Bourgogne............ 1 feuillette.
        d'Anjou ou Vouvray............ 2 brocs.
        de Tavel..................... 2 id.
        de Roussillon, quantité suffisante
            pour communiquer au vin une
            teinte rouge dorée, et coller.

Principes à observer

POUR LES COUPAGES ET LES MÉLANGES DES VINS.

—

Pour conserver au vin son cachet de naissance, le mélange des vins doit se faire de vignoble à vignoble, de contrée à contrée ; sans cette attention,

on court le risque d'avoir un vin n'ayant le goût
d'aucun crû, circonstance insignifiante, il est vrai,
pour le consommateur qui le trouve bon, mais
qui, néanmoins, lui jette une défaveur auprès des
véritables connaisseurs.

Presque partout, on a l'habitude de livrer à la
consommation les vins mélangés aussitôt qu'ils
sont faits ; c'est une grande faute, car bien qu'on
les colle d'ordinaire, les éléments du mélange ne
sont pas liés intimement ; voilà d'où vient la prévention contre les mélanges, et cela doit en être
ainsi ; car à ce moment, un palais tant soit peu
exercé peut reconnaître facilement la saveur particulière à chaque espèce de vins composant le
mélange ; tandis que le mélange fait ne le collant
pas, mais attendant du temps l'effet des réactions
des principes de chaque vin et leur combinaison,
ensuite l'éclaircissement naturel, on obtient un vin
homogène dans sa constitution, et qui est de beaucoup préférable pour la qualité, la couleur et la
bonne conservation ; qualités qui s'augmentent
encore si l'on soutire le vin de dessus son dépôt,
dépôt inévitable, provenant de la réaction des principes de chaque vin les uns sur les autres et formant
ensuite une multitude de parties hétérogènes,
comme sels, ferment, parties colorantes insolubles.

D'ordinaire, un mois d'attente suffit pour que la combinaison d'un mélange s'opère complétement; il est cependant des vins qui ne se combinent pas aussi promptement, comme il en est d'autres qui résistent à toute combinaison et dont le mélange laisse toujours apercevoir la saveur particulière des vins ; c'est principalement dans ces circonstances qu'il faut avoir recours à ce que nous avons dit page 54.

Lorsqu'un vin provient d'un crû distingué, et que surtout il tire son principal mérite de son bouquet, on ne doit pas le mélanger, ce serait commettre un meurtre, à moins qu'il ne se détériore ou que, trop faible de vinosité, il ait une prédisposition à s'altérer; alors, pour lui conserver sa nature, on doit le mélanger avec un vin de même crû ou d'un crû voisin qui ait le même bouquet, mais qui soit plus corsé ou plus généreux.

De même, il est très-important d'avoir égard à la constitution particulière des vins, lorsqu'on opère des mélanges.

Ainsi, un vin vieux ne doit point se mélanger avec un vin qui serait nouveau, un pareil mélange donnerait lieu au changement de couleur du vin vieux, en même temps qu'il détruirait, en moins de quinze jours, non-seulement son bouquet, mais encore sa saveur de vieillesse, laquelle se trouverait rongée, si nous pouvons nous servir de ce mot, et l'ensemble ne présenterait plus qu'un vin nouveau n'ayant pour seul avantage qu'un peu plus de finesse.

Quand un vin vieux a besoin d'être mélangé, soit pour cause de vieillesse ou de faiblesse, on doit opérer le mélange avec un vin d'au moins deux années plus jeune et qui soit encore ferme et surtout généreux; si l'on n'a que des vins de l'année, on en emploiera, mais dans des proportions excessivement modérées.

Il est facile de concevoir que si l'on mélange des vins vieux, les principes des uns et des autres sont également fondus, également homogènes, et qu'il résulte de leur union une supériorité de qualité, tandis qu'en employant des vins nouveaux avec excès, on introduit des éléments d'une autre nature; alors l'équilibre étant rompu, il en résulte une action réciproque en grande défaveur pour le vin vieux.

Les vins verts, revêches, se mêlent parfaitement avec les gros vins du Midi, mais ici, ainsi que nous l'avons dit plus haut, on ne doit mêler les vins jeunes qu'avec les vins jeunes; le mélange ainsi fait se trouvant sous l'influence d'une fermentation incessante, le vin du Midi perd bientôt son doucereux, sa couleur devient d'un rouge plus ou moins vif de pourpre foncé qu'elle était; le vin vert, de son côté, perd de son acide, tant par l'effet de son mélange que par la réaction de ses principes sur la partie colorante et sur les parties sucrées du vin du midi, et le vin qui en provient acquiert un véritable mérite.

Tandis qu'en mêlant du vin vert nouveau, soit du Nord, soit du centre, avec du vin vieux du Midi, il survient promptement une perturbation dans le mélange, d'autant plus long qu'il est insensible, et d'autant plus funeste que le vin du Midi est âgé.

Pour le mélange de vin vert ou acerbe et de vin du Midi, l'un et l'autre vieux, le cas est tout a fait différent; ce mélange est même rationnel, attendu que, par lui, le vin du Midi perd instantanément de sa nuance rouge-bleu pour acquérir une robe d'un beau rouge, de la fraîcheur et du velouté sans empâtement; de plus, il devient susceptible de porter de l'eau avec avantage quand on le sert sur la table, avantage qu'il n'a pas lorsqu'il est à l'état de nature.

S'il y a de l'inconvénient à introduire dans les mélanges des vins doucereux, ainsi que le sont la plupart des vins du Midi ou tous autres qui n'ont pas parachevé leur fermentation, à plus forte raison est-il dangereux d'y introduire ceux qui sont tout à fait doux, par cela même que les vins doux deviennent des ferments d'autant plus énergiques pour les vins faits ou secs auxquels on les mélange, que leurs proportions dans le mélange sont plus grandes.

Disons pourtant que lorsque les mélanges sont opérés entre les vins doux et les vins secs du Midi, ils ne sont pas sujets aux mêmes inconvénients que ceux qui sont faits entre les vins doux et les vins secs du Nord ou du centre.

Ce fait, qui est exceptionnel, s'explique par la faible partie des principes fermentescibles existant dans le vin du Midi, et la neutralisation de ces principes par la forte somme d'alcool dont ces vins sont pourvus ; aussi arrive-t-il souvent que dans ces mélanges, aucune fermentation sensible ne se produit.

Ajoutons en parlant des vins doux, que leur mélange ne convient réellement bien qu'avec leurs semblables ou, à défaut, avec des vins blancs bien secs.

Quant aux vins blancs secs, il y a toujours avantage de les mélanger aux vins verts, durs, acerbes ; ils corrigent ces derniers de ce qu'ils ont de défectueux et les rendent plus agréables ; ajoutés aux vins vieux, ils les rendent plus friands et plus coulants ; mais, chose capitale que nous ne saurions trop recommander : vins jeunes avec vins jeunes et vins vieux avec vins vieux ; sans cette précaution, gare aux déceptions !

On doit de même agréer le mélange des vins blancs avec les vins rouges, attendu que lorsque les proportions et le choix du vin blanc sont observés, les vins rouges gagnent beaucoup à l'œil et à la bouche.

Les meilleurs vins blancs pour le coupage des vins trop chargés en couleur sont ceux de Saint-Bris (Yonne), ceux de Maine-et-Loire, de Sologne, d'Anjou et de Vouvray.

Pour les vins malades ou reconnus altérés, on doit refuser leur emploi à tous mélanges, attendu qu'en les employant, ce serait introduire dans la masse entière des principes qui ne tarderaient pas à s'attaquer de la manière la plus vive et la plus persistante à tous les éléments du vin, dérangeraient leur harmonie et finiraient par les détériorer ; ce moyen de mélange est tout au plus bon à appliquer aux vins destinés à une consommation immédiate et prompte, et doit être rejeté impitoyablement du moment que les vins sont pour demeurer en magasin.

De tous les vins altérés, ceux atteints d'aigreur doivent particulièrement être éloignés des coupages, attendu que l'aigreur dans un vin est une altération dont le principe est tellement vivace que quand vous croyez l'avoir anéanti, il se reproduit dans le vin avec une force toujours croissante et toujours désastreuse.

Un autre coupage, contre lequel beaucoup se récrient, c'est celui de l'eau et du vin : pourquoi donc tant se récrier, si avec de l'eau et du vin on peut produire un ensemble préférable pour la qualité à beaucoup de vins naturels ? Faut-il, quand l'art peut nous procurer des vins parfaitement hygiéniques, de meilleure qualité, et à meilleur marché que ceux que nous donnent beaucoup de vignobles, priver la mère de famille, les travailleurs, ces êtres si intéressants, et la société elle-même d'en faire usage ? Les commerçants, dira-t-on, se trouveront lésés dans leurs intérêts ; soit, mais la société n'a-t-elle pas, elle, ses besoins ? N'a-t-elle pas son budget ? Nous ne parlerons pas du fisc, qui ne peut qu'y gagner.

Mélanger l'eau, par quart, par tiers ou par moitié avec du vin de bonne qualité, ne serait pas faire du vin ; pour arriver à ce progrès, il faut, avant toutes choses, procurer à l'eau les principaux éléments du vin. Nous ne les indiquerons pas ici, attendu qu'il est notoirement reconnu que la plus grande partie des marchands de vins possèdent les moyens de pouvoir établir, pour leur détail, des vins à des prix réduits, sur les qualités desquels messieurs les préposés à la dégustation, nommés par le gouvernement, n'ont que fort rarement à se plaindre, et que lorsqu'ils sévissent et qu'il y a condamnation, c'est généralement pour deux causes : la présence dans le vin de l'eau et celle de de l'alcool ajoutés dont on n'a pas su dissimuler entièrement la présence.

Pour mettre en garde le commerçant envers l'emploi de l'alcool et de l'eau pour établir des vins à prix réduits, il faut qu'il sache bien que plus un vin est léger, plus l'alcool qu'on lui ajoute est long-temps à se fondre et à s'unir au vin d'une manière intime, et que c'est sa présence qui empêche les principaux dissolvants de l'eau de s'interposer dans les molécules des éléments constitutifs du vin, de les dissoudre en quelque sorte, et de s'y combiner intimement ; un, deux et quelquefois trois mois ne suffisent pas pour que la saveur *sui generis* de l'alcool reste inaperçue dans le vin ; sont donc bien heureux ceux qui, comme nous, ont découvert le moyen de dissoudre ou plutôt de fondre dans les vingt-quatre heures la saveur de l'alcool mélangé à l'eau, préparation que nous disposons seulement pour nos besoins personnels, ceux de quelques amis et la satisfaction des amateurs désireux de posséder notre procédé.

Terminons ce chapitre en faisant observer de ne jamais oublier, quand on fait des mélanges, qu'il suffit d'une très-faible quantité de vin commun pour perdre beaucoup de bon vin, et qu'il faut, au contraire, beaucoup de bon vin pour n'en améliorer que d'une manière imparfaite et toujours très-peu durable une bien faible quantité de mauvais ; de même encore que pour obtenir de bons résultats des mélanges, il faut attendre leur entière combinaison ; que le mélange et la combinaison des vins sont plus parfaits, en grande cuve, ou en foudre, que de tonneau à tonneau, attendu que dans les plus grandes capacités le phénomène d'action est plus prompt et plus complet, et qu'elles ont de plus l'avantage de produire au soutirage des vins parfaitement identiques, tandis que, de tonneau à tonneau, le vin de chacun d'eux présente une nuance de qualité différente, quelques soins que l'on prenne.

CHAPITRE V

—

Du vinage des Vins

Le vinage se fait au moyen de l'alcool. Il a pour objet de prévenir l'altération des vins en procurant un principe conservateur aux éléments qui le constituent. La loi l'autorise à 5 p. 100 d'alcool pur dans sept départements seulement : Tarn, Var, Gard, Bouches-du-Rhône, Aude et Pyrénées-Orientales.

Par une nouvelle loi de cette année, le vinage est accordé également dans tous les départements ; mais seulement pour les vins destinés à l'exportation, sous diverses conditions à remplir après une déclaration préalable faite au bureau de la régie.

Le plus communément le vinage se fait, avec l'alcool Montpellier à 86 degrés que l'on mêle dans le vin ; mieux serait de le faire avec celui à 58 obtenu par *distillation*.

Cette manière de faire le vinage est défectueuse, en ce sens que le vinage ainsi traité laisse aux vins, pendant fort longtemps, une odeur et une saveur d'alcool qui en empêchent l'emploi immédiat, principalement lorsque le vinage a eu lieu avec l'esprit trois-six (86 degrés).

Ces inconvénients étant des plus graves pour le débitant, nous avons dû rechercher le moyen de les éviter, et nous nous y sommes livré avec d'autant plus de zèle que nous avons remarqué que le vinage n'a pas seulement la propriété d'aider à la conservation du vin, mais qu'opéré sur des vins déjà riches, il augmente considérablement leur force en permettant de la réduire avec souvent beaucoup d'avantage. Nous y sommes parvenu

1° En réunissant :

Eau...........................	70 lit.
Sucre blanc..................	6 kil.
Alcool fin de goût à 86 degrés...	25 lit.

Carbonate de soude...............	30 gr.
Tannin pur.....................	15 gr.

2° Ou mieux encore :

Eau-de-vie distillée à 58 degrés..	38 lit.
Sucre blanc...................	6 kil.
Eau.........................	57 lit.
Carbonate de soude.............	30 gr.
Tannin pur...................	15 gr.

Pour la première préparation, on dissout le sucre et le carbonate dans l'eau, et l'on ajoute l'alcool.

Pour la deuxième, on ajoute à l'eau-de-vie le sucre que l'on fait fondre préalablement sur le feu avec le moins d'eau possible, ou simplement à froid, puis le carbonate de soude que l'on fait dissoudre à part de la même manière, et on complète avec le restant d'eau; après quoi on bouche et on dépose dans un endroit frais.

Plus ces préparations vieillissent, davantage elles sont convenables pour le vinage.

Bien que tous les savants œnologues conseillent l'usage de l'alcool pour le vinage des vins, comme agent essentiellement conservateur de leurs éléments constituants, nous pensons, dans l'intérêt des commerçants et pour nous rendre utile à tous, devoir faire connaître un autre agent d'un mérite supérieur et moins coûteux : le *tannin* pur.

Le tannin pur, que nous avons employé à la dose de 10 à 30 grammes, quelquefois plus, par pièce de 230 litres, sur des vins provenant de raisins égrappés ou non, a préservé les vins de passer au gras, les a maintenus et même bonifiés en voyage, preservés en tout temps de maladies ; il a de plus arrêté le progrès, même rétabli des vins entrés en dégénérescence, excepté pourtant ceux atteints de l'aigre dont le progrès a été suspendu seulement.

L'alcool, employé comparativement avec le tannin, a bien de son côté contribué à la conservation du vin, mais d'une manière moins positive ; plusieurs vins sont entrés en maladie, quelques-uns ont tourné au gras, et ceux disposés par leur nature à passer à l'aigre n'ont pu être exemptés de cette maladie, l'alcool étant même employé à des doses sensibles ; ce dernier fait d'ailleurs n'étonnera pas ceux qui savent que les vins du Midi, malgré leur richesse alcoolique, sont ceux qui ont le plus de dispositions à passer à l'acide.

Par suite de ces opérations comparatives, n'est-on pas fondé à croire avec nous que le tannin peut remplacer le vinage des vins et que comme conservateur de ses éléments constitutifs, il est préférable à l'alcool? Espérons, qu'un jour, nos essais seront répétés et par suite mis en pratique, ce sera une satisfaction pour nous, qui sommes le premier à signaler les propriétés de ce produit.

CHAPITRE VI

—

Amélioration des Vins

Nous divisons l'amélioration des vins en deux moyens :

En moyen naturel : le mélange d'un vin à un ou à plusieurs autres vins ;

En moyen artificiel : le vin seul ou coupé avec d'autres vins, auquel on ajoute quelques-uns des principes dont il n'est pas assez pourvu.

Par le premier moyen :

On bonifie le vin de Touraine, par exemple, en le coupant avec celui du Cher ;

Les bourgogne, en général, en en mêlant de différents crus, ou les coupant avec le vin de Tonnerre ;

Un vin faible avec un vin plus riche ;

Un vin qui faiblit par l'âge, par un vin du même cru, d'un, de deux ou trois ans plus jeune ;

Un vin jeune qui faiblit, par un léger vinage ;

Un vin trop vert avec un vin un peu fade ou légèrement sucré ;

Un vin blanc qui passe au jaune, en versant un litre au plus de lait chaud par pièce, et en le coupant, après collage et soutirage, avec un autre vin.

A tous les vins communs, les excellents vins de l'Hermitage, de Tavel, de Saint-Gilles et quelques autres du département du Gard, et presque tous les vins rouges des Pyrénées-Orientales.

Dans le second moyen :

On bonifie un vin trop vert en lui ajoutant un peu de sirop de raisin ou de sucre fondu ;

Un vin gras, pâteux ou trop doux, avec un peu d'acide tartrique en dissolution ;

Enfin, un vin qui pèche par le manque de bouquet, avec celui qui lui est approprié ;

A celui qui n'en a aucun, avec celui de notre choix, etc.

Nous allons voir qu'on peut bonifier les vins trop acides ou trop verts en augmentant leur volume d'un quart ou d'un tiers par l'addition suivante :

24 litres de notre préparation pour le vinage (p. 65).
32 litres d'eau.

On retire sur un fût de grandeur quelconque un quart du vin qu'il contient.

C'est donc, sur une pièce de 225 litres, 56 litres de vin à soutirer que l'on remplace par les 56 litres de préparation ci-dessus; on donne, au besoin, le bouquet, et on augmente la couleur si elle n'est pas assez convenable, à l'aide de notre vin de teinte.

Dans cette opération, notre mélange de 56 litres contient un dixième d'alcool, c'est ce que rendent à la distillation les vins ordinaires; il est donc de la même force que beaucoup de vins. D'un autre côté, par son introduction d'un quart, le vin de la pièce perd un quart de son âcreté et de sa verdeur, et le sucre, qui fait partie de sa composition, procure au vin un moelleux et un goût des plus agréables au lieu de dur et acerbe qu'était le vin auparavant.

En comptant la pièce de vin toute rendue dans Paris à 160 fr., les trois quarts étant à employer dans l'opération, la dépense en sera de 120 fr., comptant les 6 litres d'alcool contenus dans nos

24 litres de préparation à 2 fr. 45 le litre (14 fr. 70 c.), et les 1,500 grammes de sucre, qui en font également partie, à 1 fr. 20 c. le kilo. (90 c.), ce qui fait une dépense totale de 135 fr. 60 c. On a donc, en enlevant au vin sa saveur acerbe et désagréable, un bénéfice certain de 6 fr. 10 c. par pièce.

Ce moyen de bonifier les vins acerbes peut également s'appliquer aux vins de bonne qualité qui n'ont qu'une ou deux années ; mais, alors, il devient indispensable d'aciduler légèrement la préparation avec de l'acide tartrique, et d'y ajouter de 15 à 30 grammes de tannin par pièce de 230 litres.

Nous le répétons, les vins ainsi arrangés sont bons ; ils se façonnent très-bien ; mais ce n'est qu'après un grand mois qu'on peut les apprécier et établir des comparaisons.

On peut enfin bonifier les vins par la confection de vins factices sans raisin dont nous avons donné diverses préparations dans notre *Traité de Vinification*; leur admission a eu lieu aux expositions nationales de Paris, après l'analyse qui en a été faite par les premiers chimistes de la capitale.

Par tous les moyens que nous venons de donner, les marchands de vins en gros peuvent, avec un peu de discernement, améliorer les diverses espèces de vins durs, acerbes ou même défectueux, suivant les années qui les ont produits, vins surchargeant leurs magasins, ou dont ils ne peuvent se défaire à cause de leur mauvaise qualité.

Ceux en détail peuvent se servir de notre méthode pour marier, bonifier, et mettre au goût des consommateurs les vins qu'ils débitent, et qui, trop souvent, sont de mauvaise qualité, faute de connaissances pour les corriger.

Nous ne pensons point qu'aucun homme sensé puisse avoir des préjugés contre les moyens que nous indiquons.

Autres améliorations et conservations du Vin

On a remarqué dans l'article qui précède, combien le soutirage, la clarification et le soufrage contribuent à l'amélioration des vins, et combien aussi sont appréciables les coupages des vins pour les conserver et leur donner à la fois plus d'aménité et davantage de corps ; sont-ce là les seuls moyens de conservation des vins ? Non, nous avons encore pour fortifier les vins trop légers et soutenir ceux provenant de petits crus, toujours faibles et trop chargés de ferment, l'alcool et le tannin.

L'alcool ne se combinant pas instantanément avec le vin, on doit, avons-nous déjà dit, employer de préférence celui à 58 ou 60 degrés obtenu par distillation, celui du même titre provenant d'une réduction de 90 degrés demande bien plus de temps pour opérer sa combinaison. Pour que l'alcool soit employé avec avantage, il faut qu'il n'ait aucune odeur ni saveur particulières. Quand l'alcool fait défaut, on peut le remplacer très-avantageusement par du tannin, car, comme lui, il est un puissant conservateur.

Nous l'avons employé sur des vins maigres, provenant de grands comme de petits crus, et dans des vins entrés en maladie, il nous a produit des effets tellement avantageux que nous n'hésitons pas à en recommander l'usage, non-seulement comme conservateur du vin, mais comme préservateur par excellence de ses diverses maladies et le compagnon le plus capable de soutenir le vin en voyage.

CHAPITRE VII

—

Imitation des Vins

Il est des circonstances où l'on peut manquer de vin de crû. Pour arriver à les imiter avantageusement, il convient de préparer à l'avance les infusions et teintures qui suivent :

PRÉPARATION DES TEINTURES ET INFUSIONS NÉCESSAIRES
POUR IMITER LES VINS

Teinture d'Iris.

Alcool de 50 à 58 degrés..........	1 litre.
Iris en poudre....................	125 grammes.

Mieux serait :

Alcool............	1 litre.
Eau...........................	1/2 id.
Iris de Florence, en poudre........	125 grammes

Et, vingt-quatre heures après, mettre à distiller et retirer un litre de produit.

Teinture de racine de fraisier.

Alcool à 85 ou 90 degrés.......... 5 litres.
Racines sèches de fraisier, bien divisées........................ 500 grammes.

Teinture de fer.

Oxyde de fer.................... 500 grammes.
Acide tartarique en cristaux........ 500   id.
Eau........................... 2 litres.

Faire dissoudre sur le feu.

Infusion de brou de noix desséché.

Alcool à 85 ou 90 degrés.......... 5 litres.
Brou de noix sec, premier choix.... 500 grammes.

Infusion de framboise.

Alcool......................... 10 litres.
Framboise bien mûre et mondée   10 kilog.

Teinture d'amande.

Alcool à 85 ou 90 degrés.......... 5 litres.
Essence d'amandes amères........ 5 grammes.
Parleur simple mélange.

Après un mois d'attente de toutes ces préparations, voulons-nous préparer soit du bourgogne,
du mâcon ou du bordeaux, choisissons ceux des
vins qui se rapprochent le plus de celui que nous
voulons imiter, tant par l'âge, la nuance, que par
la couleur et la vinosité.

Si c'est du bourgogne que nous désirons, ajoutons sur chaque pièce une quantité d'infusion de
framboise, tantôt seule, tantôt accompagnée de
teinture d'amandes.

Si, au contraire, c'est du mâcon, infusion de
brou de noix et teinture de racines de fraisier; un
litre environ de chaque.

Si, enfin, c'est du bordeaux, de la teinture de
fer, assez pour procurer ce rêche particulier qui
caractérise le vin de Bordeaux; 1 à 2 litres d'infusion de framboise, par pièce de 280 litres, et
teinture d'iris une quantité minime pour procurer
le bouquet.

On conçoit ici qu'il ne nous est pas possible de
préciser les doses à employer des teintures et des
infusions que nous venons de mentionner; elles
doivent nécessairement varier en raison de la qualité des substances employées à leur préparation,
en raison aussi de l'état du vin dont on fait choix,
et enfin du goût de chacun; c'est donc un tâtonne-

ment à faire à chaque renouvellement d'imitation des vins.

De la Coloration des Vins.

La coloration du vin est rarement une nécessité. mais elle en devient une très-impérieuse pour beaucoup de vins, les consommateurs aimant, en général, y rencontrer une couleur flatteuse à l'œil, c'est-à-dire franche, vermeille et transparente : comme nécessité fait loi, le commerce s'est donc trouvé obligé, presque de tous temps, d'augmenter l'intensité de couleur de beaucoup de vins.

Pour que la coloration puisse procurer tous ses avantages, il faut savoir l'opérer avec discernement; c'est-à-dire, chercher à procurer au vin léger en couleur, non-seulement la nuance qui lui manque, mais en même temps plus de qualité, ce qui aura toujours lieu en lui associant le vin qui peut lui être le mieux approprié, chose facile en faisant de petits essais de vins très-rouges de différents crus.

Disons aussi cette vérité, qu'autant la coloration peut donner plus de qualité et rendre plus flatteur un vin ordinaire, plus elle serait contraire à un vin dont la délicatesse et la finesse du bouquet feraient le mérite.

Dans les années où le raisin manque de maturité, les vins ont peu de couleur ; dans cette circonstance, l'art est venu depuis longtemps suppléer au défaut de couleur des vins, par diverses préparations analogiques, connues sous le nom de vins de *fismes*, nom qui leur vient sans doute du pays, où ces sortes de vins ont été préparés pour la première fois.

Les vins de *fismes* portent encore le nom de vins de *teintes*, les substances employées pour les confectionner ont été jusqu'à ce jour en partie :

Le bois d'Inde ;
Celui du Brésil ou de Fernambouc ;
Les graines ou baies de sureau ;
          de troëne ;
          d'yèble ;
          d'airelle ou mirtile ;
          de brimbelles et autres.

Quand ces vins sont bien préparés, ils ont assurément un certain mérite, puisqu'ils procurent aux vins trop légers en couleur toutes les nuances de rouge désiré, mais, par cela même que leur présence se reconnaît au moyen des réactifs que nous avons fait connaître, et que, dès lors, les vins qui

en contiennent sont considérés falsifiés et sai-
sissables, nous conseillons d'en éloigner l'emploi ;
aussi nous dispenserons-nous de donner les moyens
de les fabriquer.

Mais, désirant contribuer à procurer au commerce des moyens de coloration, dont l'utilité est
si grande en beaucoup de circonstances, nous
allons l'initier à un moyen simple et tout à fait rationnel, que nous devons à notre persévérance à
rechercher tout ce qui intéresse la société.

Ce moyen, c'est l'emploi des fleurs rouges des
roses trémières, desséchées et mondées, c'est-à-
dire détachées de leur pétale ou calice, infusées
dans le vin rouge ou blanc.

Cette préparation, faite sur le moment ou quelques jours à l'avance, procure toutes les nuances
de rouge voulues, même au vin blanc ; vieille faite,
elle procure un rouge velouté tirant sur le jaune,
et, dans l'un ou l'autre cas, les réactifs que nous
connaissons ne peuvent en attester l'emploi.

Nous avons aussi obtenu, par la fermentation
du fruit du mûrier, un vin de teinte aussi puissant par la couleur qu'agréable par le parfum, et,
par son infusion dans l'eau-de-vie, un produit
non moins colorant, mais ayant plus d'arome.

Ces faits, que nous avons annoncés pour la première fois dans notre précédente édition, nous ont été attestés depuis, par un grand nombre de lettres venues du commerce en gros, comme de celui du détail.

N'étant, à cette époque, aucunement assujetti à la visite des dégustateurs, nous avouons que nous n'avons pas songé à le soumettre à l'analyse pour savoir si l'on se mettrait en défaut par son emploi ; on ne devra donc en faire usage qu'après vérification.

Les vins de teintes que nous venons de signaler, ne sont pas les seuls employés à la coloration des vins ; la nécessité, cette mère de l'industrie, a encore donné lieu à d'autres préparations non moins avantageuses pour la coloration et la conservation des vins; de ce nombre, on peut citer, comme étant hors ligne pour leurs bons effets, la teinte conservatrice des vins, de M. Alfred Lestaudin, de Reims, la seule autorisée par ordonnance royale, et approuvée par la Société Royale de Médecine (1), *admise aux expositions.*

Il est bon de rappeler ici que si la couleur d'un vin rouge est factice, elle deviendra sombre et de couleur de lie aussitôt qu'on ajoutera au vin quelques gouttes de lessive de potasse, ou de soude, dite lessive des savonniers, et à leur défaut de l'al-

(1) Voir à la fin de l'ouvrage les différentes propriétés de cet extrait végéta'.

cali volatil ; que si elle est naturelle, elle deviendra, au contraire, plus ou moins verte suivant son intensité.

Des vins de lies et de leur amélioration

On sait que les vins qui proviennent des soutirages de lies sont toujours plus ou moins empreints d'une saveur d'autant plus étrange qu'ils proviennent de vins communs, d'où il suit qu'il y aurait toujours avantage de mettre à part, lors des soutirages, chacune des lies qui proviennent de vins de qualités différentes.

Au vin de lie, provenant de vins ordinaires, nous vous dirons : Suivez la méthode ordinaire, de l'écouler dans les soutirages destinés à une prochaine consommation, ou donnez-lui la qualité qui lui manque à l'aide d'autres vins.

Pour le vin de qualité, suivez, au contraire, notre exemple, tout particulier jusqu'à présent : ajoutez pour chaque pièce de 230 litres, de 500 à 1,000 grammes de noir de charbon végétal en poudre fine, bien épuré par plusieurs lavages à l'eau, fouettez ensuite fortement ; vingt-quatre heures après, collez, et votre vin aura ensuite une telle qualité qu'il ne différera de celui dont il faisait partie qu'auprès de véritables connaisseurs.

Ce moyen, dirons-nous encore, peut-être employé avec le même succès pour les vins qui ne sont pas parfaitement droits en goût, pour ceux encore qui, par suite de l'emploi de certains vins du Midi, laissent à dire, soit sur l'odorat, soit sur la saveur ; mais jamais sur les vins ayant un goût de terroir prononcé, vous n'arriveriez pas.

L'expérience nous a encore confirmé que la poudre de charbon peut être utilisée pour remettre dans leur état normal les vins qui se tourmentent par excès de ferment, ou aux époques des équinoxes, de la pousse et de la floraison de la vigne.

500 grammes enfin employés sur une demi-pièce de vin blanc des environs de Bordeaux ont rendu le vin plus fin de goût, l'ont décoloré fort peu et lui ont enlevé l'inconvénient de jaunir. La poudre de charbon est encore utile dans d'autres circonstances que nous ferons connaître plus loin.

Emploi avantageux des lies.

Généralement, on vend les lies aux vinaigriers, après en avoir soutiré le vin clair ; cela provient, sans doute, de ce que beaucoup ne savent pas tous les services qu'elles peuvent ren lre ; qu'on sache donc :

1° Que les lies qui proviennent de vins vieux, étant dépourvues de tout mouvement intestin de fermentation, riches de principes et de bouquet, procurent à des vins plus jeunes dans lesquels on les mêle, aux uns du corps, du bouquet et de la vieillessse ; aux autres du bouquet et de la vieillesse sculen.ent ; qu'il en est de même des lies et des fonds de bouteille, l'expérience nous ayant nombre de fois démontré qu'un seul demi-litre suffisait à donner à 10 litres de vin ordinaire des qualités réellement bien supérieures ;

2° Que, provenant de vins jeunes encore, elles corrigent l'âpreté, la dureté et l'astringent des vins nouveaux en même temps qu'elles aident à en dégager le bouquet ;

3° Que, provenant des vins de l'année, elles aident la combinaison des coupages de différents vins, par suite d'un mouvement intestin de fermentation qu'elles leur procurent, d'où il résulte une union complète des éléments constitutifs, et par suite un vin ayant plus de corps, de finesse et de bouquet ;

4° Qu'employées enfin à l'état de lie blanche sur des vins blancs passés au gras ou passés au jaune, elles dégraissent les uns et rendent blancs les autres.

Mais pour que les lies puissent avoir tous ces avantages, faut-il les employer toutes fraîches et sans altération, et non celles accumulées dans des fûts pouvant être plus ou moins en souffrance?

Pour opérer avec tout le succès possible, le mieux est d'employer les lies au fur et à mesure que l'on effectue les soutirages : par exemple, un fût vient-il d'être soutiré? on remplace de suite le soutirage par celui des vins auxquels on veut donner de la qualité, puis on fouette fortement et on fait le plein du fût.

L'expérience nous a démontré que la lie d'un seul fût est quelquefois suffisante pour bonifier tout un fût de vin au point que nous l'avons annoncé plus haut, et que pour certains autres, la lie provenant du soutirage de deux et même de trois fûts devient nécessaire.

Une autre manière de tirer un parti avantageux des lies que nous ne saurions garder sous silence, c'est, au sortir du fût, de lui ajouter huit à dix fois son volume d'eau froide, et après avoir bien mêlé, attendre l'éclaircissement. Dans cette opération, l'eau, par sa grande propriété dissolvante, ne tarde pas de s'emparer des principes solubles de la lie;

en même temps qu'elle perd sa crudité et sa fadeur, elle s'assimile intimement et d'une manière assez prompte aux éléments dont elle s'est emparée, et présente un petit vin clairet, d'autant plus agréable que la lie est de bonne qualité et sans souffrance, et il ne faut plus qu'un peu de vin bien corsé pour lui procurer les qualités que beaucoup de crus n'ont pas.

Nous avons mêlé de l'eau sur la même lie, jusqu'à trois fois différentes, mais en aigrissant l'eau aux deux dernières fois d'un peu d'acide tartrique; les résultats obtenus ont été à très-peu de chose près les mêmes, nous croira-t-on? cela est cependant réel, et prouve au moins la richesse des lies.

Du rajeunissement des Vins

Le rajeunissement a pour effet de prévenir ou d'arrêter la dégénérescence de certains vins.

Tant qu'un vin est jeune, qu'il est plein de vigueur et d'existence, loin de chercher à le rajeunir, on doit, autant que possible, l'aider à prendre de l'âge, afin qu'il puisse gagner plus promptement en qualité.

Mais dès qu'un vin, par sa vieillesse, commence à perdre seulement une de ses qualitées, celui-là on doit le rajeunir ; en lui ajoutant d'autres vins, de même crû autant que possible, ou de même qualité, d'une, deux et quelquefois trois années plus jeune, soutenu et nourri alors, par des éléments nouveaux de même nature et plein de vigueur, il reprend bientôt de la fraîcheur, de la couleur, et s'orne de plus belle de son fin bouquet. Voilà le seul cas où l'on doit rajeunir le vin. En effet, rajeunir des vins faits, bien portants et bien constitués, ce serait agir au détriment de leur qualité.

Ce serait encore un tort de rajeunir des vins malades par une cause ou par une autre, car, dans beaucoup de circonstances, si ce n'est pas dans toutes, ce serait procurer la maladie existante aux éléments nouveaux, dont le pouvoir aurait pour effet la désorganisation des principes constituants du vin ; dès lors point de vivification ni d'union intime possible.

Du vieillissement des Vins

Les vins vieux sont à juste titre reconnus comme étant les plus agréables à boire, les plus apéritifs et les plus toniques, aussi ces différentes qualités, sont-elles les principales causes de leur recherche et de leur plus grande valeur sur la place.

La supériorité des vins vieux est due aux dépouillement plus ou moins complet de l'excès d'acide tartrique dont ils sont indistinctement pourvus et des matières insolubles, les unes naturelles, les autres créées par les diverses réactions des éléments du vin, réactions plus que doublées à l'aide d'une fermentation insensible.

Le temps qui permet à la fermentation de finir son œuvre, au vin de se perfectionner et d'arriver au point d'élaboration parfaite, qui améliore toute chose, comme il la détruit, qui amène les plus grandes douleurs, comme il les calme, qui est insaisissable comme l'air que nous respirons, est donc la seule cause des heureuses transformations d'un vin d'abord doucereux, après piquant, sans bouquet, d'une couleur douteuse, en un vin moelleux, plus brillant, plus corsé, d'un rouge à la fois plus flatteur et plus vif tirant sur le jaune, d'une saveur plus délicate et d'un bouquet suave. Mais attendre trois, quatre, six années et plus pour obtenir ces résultats, n'est-ce pas acheter bien cher ce que nous pourrions obtenir en un ou plusieurs jours pour des vins mis en bouteilles, en un ou quelques mois pour ceux enserrés en fûts? Pour arriver à ce succès, rappelons ce que nos pères et nous-mêmes, nous avons tous remarqué, que les vins sont d'autant plus longtemps à se parer, qu'ils sont déposés dans des lieux profonds, froids et sans lumière, qu'au contraire, ils vieillissent d'autant plus vite que la cave ou le cellier qui les renferme possède de l'air, de la lumière et une température un peu élevée et variable : aussi est-ce par suite de ces observations que nous avons, en 1829, communiqué dans l'un de nos ouvrages, qu'ayant déposé des vins, de trois années d'âge, dans des bouteilles pleines, c'est-à-dire un demi-verre à une chaleur de trente à cinquante degrés Réaumur pendant six heures, l'avons trouvé ensuite vieilli de plus d'une année, que replacé dans les mêmes conditions, le vin avait acquis son maximum de vieillesse. Encouragé par ce résultat, nous avons répété depuis la même opération sur des demi-fûts, au lieu de le faire sur des bouteilles avec des vins de différents âges; aussi, au lieu d'un ou de deux jours, nous en a-t-il fallu huit, dix, quinze et plus, suivant l'âge et la constitution des vins. Depuis ces expériences, nous avons appris que cette opération du vieillissement artificiel des vins a été pratiqué en grand, non-seulement en Bourgogne, où elle continue, mais encore en Portugal et en Espagne pour les vins de liqueurs.

Pour nous, la possibilité du vieillissement artificiel des vins est chose acquise, pour ceux surtout
dans lesquels tout mouvement de fermentation a
cessé.

A ceux qui voudront vieillir des grands vins,
nous dirons : Si vous êtes amis de votre pays et
si vous aimez le bon vin, gardez-vous-en bien. A
ceux qui n'auront en vue de vouloir vieillir que des
vins demi-fins ou ordinaires, nous leur dirons : Si
ces vins ont une, deux, trois ou quatre années,
contentez-vous de les vieillir de deux et demi à trois
années au plus, si vous ne voulez pas éprouver de
déception; et à leur sortie de l'étuve, placez-les en
cave sans les coller, leur éclaircissement devant
avoir lieu d'une manière assez prompte et parfaite.
Opérez-en ensuite le soutirage, et placez le fût et la
bonde de côté.

Nous ne mettons pas en doute que les vins dont
la première fermentation a été incomplète, c'est-à-
dire, que les composés du vin sont demeurés non
décomposés entièrement, placés à l'étuve chauffée
à une température étudiée, n'élaborant leur fermentation d'une manière satisfaisante, et qu'il en
soit de même pour les vins ou trop doux ou trop
acides, en ajoutant toutefois aux uns du tartre en
poudre, ou un peu de ferment, comme de la lie

fraîche provenant d'une bonne qualité de vin, et jamais de levure de bière, aurait-elle été lavée à plusieurs eaux, aux autres du sucre et dans les deux circonstances un peu de tannin.

Ajoutons que le chauffage des vins nouveaux, accélérant leur fermentation, est un moyen des plus préservatifs pour empêcher leur dégénérescence, et cela peut se concevoir, puisqu'il est reconnu que ceux qui prennent de l'altération sont ceux-là même qui ont éprouvé une fermentation ou incomplète ou trop languissante.

Ajoutons que les vins séjournant à l'étuve pour parfaire leur fermentation, en sortent toujours plus tendres, plus savoureux et plus colorés, qu'au bout de six mois ils sont comparables à d'autres vins d'un an et demi ou de deux ans plus âgés.

CHAPITRE VIII

—

De la confection des Vins mousseux

Les vins n'ont la propriété de devenir mousseux qu'autant qu'ils sont enfermés dans les bouteilles avant qu'ils aient complété leur fermentation.

Ainsi, tous les vins qui contiennent encore un principe sucré donnent de la mousse ; il en est u même si à un vin fait on ajoute ce principe.

En effet, en ajoutant au vin fait quelques grains de raisin de caisse, dit raisin sec, ou encore quelques grains d'orge des brasseurs, c'est-à-dire, germés et desséchés, du miel ou candi, ce vin devient mousseux ; cela est dû à ce que les molécules sucrées se trouvant en contact avec le vin, elles y rencontrent les éléments qui les désunissent, les mettent en fermentation, et leur font dégager du gaz acide carbonique, lequel ne pouvant s'échapper des bouteilles produit la mousse.

C'est principalement aux mois de mars et août, par un jour sec et beau, qu'il convient de mettre en bouteille les vins qui n'ont pas encore entièrement fini leur travail; dans ceux-ci on doit choisir ceux dont la fermentation est lente, comme produisant des vins dont la mousse a le plus de durée dans les bouteilles comme dans le verre.

Quand on opère par l'addition du sucre, on doit donner la préférence au sucre candi, comme étant mieux purifié et plus résistant à la fermentation; enfin, l'époque pour mieux opérer doit être celle où le vin éprouve de lui-même comme un nouveau travail.

Nous observerons encore qu'il convient de mélanger les vins de plusieurs crus, attendu que les uns ont une tendance à trop mousser, et que les autres n'en ont pas assez, et que ces proportions doivent varier en raison des consommateurs. Ainsi les vins destinés pour l'Angleterre ne sont pas traités de même que ceux pour la Russie et pour l'Allemagne.

Disons, enfin, que l'art peut suppléer à la nature pour faire des vins mousseux.

Pour exemple :

Prenons du vin de bonne qualité, des côtes de Champagne, de Saumur, de Chablis, de Pouilly ou d'autres contrées ; dans une feuillette de ce vin, bien collé et soutiré clair-fin, ajoutons 6 kilog. environ de sucre candi, couleur paille, premier choix, et 2 litres d'eau-de-vie fine de goût ; agitons de temps en temps pour dissoudre le sucre, collons ensuite, et, huit à quinze jours après mettons en bouteille.

Comme l'attente de voir mousser le vin ainsi préparé sera longue, gagnons sur le temps en exposant les bouteilles à une chaleur tempérée ; nous provoquerons par là un mouvement intestin insensible, qui décomposera le sucre, lequel, par sa décomposition, donnera au vin l'acide carbonique qui lui manquait pour devenir mousseux. La présence de ce gaz une fois reconnue, descendons nos bouteilles à la cave, et bientôt nous pourrons juger l'œuvre du travail.

Nous pourrions encore rendre le vin mousseux en y introduisant du gaz à la manière de la confection des eaux de Seltz ; mais ayant démontré dans un de nos ouvrages que la mousse dans les vins ainsi préparés ne se soutient pas du tout dans le verre, nous ne nous servirons pas de ce moyen ;

mais nous l'appliquerons toutes les fois que le vin contiendra par lui-même encore des parties sucrées ou que nous les lui aurons fournies ; alors, nous aurons promptement, ainsi que nos expériences sur ce sujet l'ont prouvé, un vin mousseux et de grande qualité, et digne de figurer sur les meilleures tables.

Le moyen suivant prouvera encore que l'art a, comme la nature, ses divers moyens pour arriver au même but.

Prenons du moût ou jus de raisin à la sortie du pressoir, c'est-à-dire non fermenté ; filtrons-le pour le clarifier ; si au goût sucré qu'il possède se joint légèrement celui aigrelet, mettons-le de suite en bouteille ; si le sucre domine par trop, émoussons-le par un peu d'acide tartrique, car c'est à la présence d'une plus ou moins grande partie du tartre contenu dans le moût qu'est due en partie la qualité des vins mousseux.

Nous terminons ici la préparation des vins mousseux, ce sujet étant grandement développé dans notre *Traité de Vinification*.

CHAPITRE IX

—

Du Vin muet

Le *vin muet* n'est autre chose que le moût du
raisin qu'on empêche de fermenter en l'imprégnant
de gaz sulfureux.

Disons, en passant, que le moût ne prenant le
nom de vin que quand il a fermenté, celui de vin
muet lui est impropre. Néanmoins, admettons-le
sous cette dénomination et démontrons comment
on procède pour le faire.

On soufre un tonneau vide et on le remplit au
quart du moût sortant du pressoir, on ferme le tonneau et on l'agite jusqu'à ce que le gaz sulfureux
soit combiné ; on brûle une autre mèche, on ajoute

une nouvelle portion de moût et on roule encore le tonneau ; on continue ainsi jusqu'à ce qu'il soit entièrement plein, et on le bonde hermétiquement ; le tonneau ainsi disposé est descendu à la cave.

Dans cette opération, le ferment contenu dans le moût est désoxygéné par le gaz acide sulfureux ; mais il suffit de le mettre en contact avec l'air pour qu'il recouvre sa propriété d'exciter la fermentation.

Le *vin muet*, employé, ainsi que nous l'avons déjà dit, dans la proportion de 1 à 3 litres par pièce de 230 litres, provoque une deuxième fermentation dans le vin, par suite de laquelle résulte un vin plus vineux, plus sec et d'une plus longue conservation, les éléments qui le constituent s'étant entièrement combinés entre eux.

En raison de cette propriété, on devrait l'employer pour presque tous les vins du Midi, notamment pour ceux fortement chargés de tartre et de parties sucrées, comme enfin pour ceux qui, coupés, se combinent difficilement.

CHAPITRE X

—

Des Vins de liqueurs et de leur imitation

Les vins, en général, se divisent en deux ordres très-distincts, les *vins secs* et les *vins sucrés* ou vins de liqueurs.

Les vins de liqueurs contiennent moins d'eau, plus de sucre et d'alcool, et développent un parfum plus prononcé que les vins secs ; ils offrent une consistance plus ou moins sirupeuse, et, par cela, une douceur qui les rend en effet plutôt liqueurs d'agrément que vins de consommation journalière. C'est à la quantité excédante de sucre et d'alcool que contiennent ces sortes de vins qu'ils doivent la propriété qu'ils ont de se conserver pendant une longue suite d'années sans éprouver d'altération sensible.

Les vins les plus estimés sur les tables sont : les vins d'Alicante, Grenache, Muscat, Malaga, Xérès, Madère, Tokai, Lacrima-Christi, Malvoisie, celui de Vermout, etc.

Les vins de liqueurs que l'on rencontre dans le commerce sont, en général, des *vins factices*, fabriqués pour la plupart à Cette et à Montpellier ; ils sont le résultat du mélange de différents vins, d'alcool, de matière sucrée et d'un bouquet d'un ou de plusieurs aromes extraits de différentes substances aromatiques ; le tout dans des proportions en rapport avec la nature du vin à imiter.

Ces substances sont en très-grand nombre. Celles qui sont le plus particulièrement employées sont les infusions spiritueuses de framboises, de noix vertes, de girofle, d'iris, de calaman ; celles d'amandes amères et de café ; la dissolution de goudron, le sirop de raisin, celui de sure candi et le miel.

Avant de faire connaître les recettes pour imiter les vins de liqueurs, indiquons les moyens de préparer les infusions nécessaires à leur confection.

Infusion de Framboises.

Alcool à 85 degrés.

Framboises bien mûres et mondées, partie égale en mesure.

Infusion de Noix vertes.

Alcool à 85 degrés............. 100 kil.
Noix vertes morveuses........... 100 kil.

On nomme noix morveuses celles que l'on peut traverser sans obstacle avec une épingle.

Infusion de Girofle.

Alcool à 58 degrés.. .... 4 lit.
Girofle concassé................ 500 gr.

Infusion d'Iris.

Alcool à 85 degrés............. 4 lit.
Iris de Provence râpé........... 500 gr.

Il en est ici de l'emploi de l'iris pour les vins de liqueurs, ce que nous avons dit pour parfumer les vins de Bordeaux, que son produit par la distillation est préférable à celui de son infusion.

Infusion de Calaman.

Remplir un petit tonneau ou une cruche en grès d'herbes sèches de calaman, coupées, ou divisées, et les couvrir d'alcool à 58 degrés.

Infusion de Coques d'Amandes amères.

Coques d'amandes amères........   20 kil.

Les torréfier légèrement à la manière du café, et les jeter toutes chaudes dans un vase contenant :

Alcool à 58 degrés..............   40 lit.

Infusion de Café.

Café Moka, Bourbon et Martinique
   mélangés par tiers..........   1 kil. 500 gr.

Les torréfier couleur d'or foncée, les moudre et ajouter :

Alcool à 58 degrés..............   5 lit.

Dissolution de Goudron.

Goudron de Norwége...........   30 gr.
Alcool à 85 degrés.............   2 lit.

Toutes ces infusions ont besoin d'être préparées un ou deux mois avant d'en faire usage ; celle de brou de noix plus particulièrement ; ce n'est que lorsqu'elle est vieille faite qu'elle procure ce goût de rancio qui fait le mérite de beaucoup de vins de liqueurs.

Les infusions de girofle, d'iris et de café peuvent être rechargées, à plusieurs reprises, jusqu'à épuisement de leur parfum.

§ 1er. *Recettes et opérations des vins de liqueur.*

—

MÉTHODES DU MIDI

Quelles que soient les opérations que nous allons traiter, elles s'appliquent toutes à une fabrication d'un hectolitre de liquide.

Vin d'Alicante

Vin de Bagnols...................	80 lit.
Alcool à 85 degrés..............	9 lit.
Sirop de raisin..................	10 lit.
ou sucre Martinique.............	7 kil. 500 gr.
Eau.............................	5 lit.

Infusion d'iris, quantité suffisante pour ne pas dominer.

6.

N'ajouter l'infusion d'iris qu'après avoir bien mélangé les autres substances, et ne le faire qu'avec beaucoup de modération, ce parfum se développant beaucoup, étendu dans les liquides.

Vin de Chypre.

Vin muscat très-vieux et peu doux....	25 lit.
Vin blanc très-sec et bien vineux.....	64 lit.
Esprit à 85 degrés................	5 lit.
Infusion de noix verte.............	1 lit.
Sucre blanc.....................	2 kil.
Eau..........................	1 lit.

Infusion de girofle, quantité suffisante pour ne pas dominer.

Mélanger les différents vins, ajouter l'alcool et l'infusion de noix vertes, fondre sur le feu le sucre avec l'eau, et pousser sa cuisson jusqu'à ce qu'il prenne une couleur d'or des plus prononcées, le verser dans le mélange, et, après agitation, ajouter l'infusion de girofle, peu à peu, jusqu'à satisfaction.

Vin de Grenache.

Vin de Collioure un peu sec.........	80 lit.
Sirop de raisin..................	12 lit.
ou sucre Martinique..............	8 kil.

Infusion de noix vertes.............. 1 lit.
Infusion de coques d'amandes amères.. 1 lit.
Alcool à 85 degrés................. 5 lit.
Sucre brûlé, couleur d'or........... 500 gr.

Opérer comme ci-dessus.

Vin de Lacrima-Christi.

Vin de Bagnols très-vieux............ 85 lit.
Gomme kino...................... 50 gr.
Infusion de noix vertes............. 1 lit.
Sirop de raisin................... 6 lit.
ou sucre candi .... 3 kil.
Alcool à 85 degrés................ 8 lit.

Fondre le sucre candi dans le vin, dissoudre la gomme kino dans l'alcool, faire le mélange complet, et laisser en repos.

Vin de Madère.

Celui qui nous a réussi le mieux comme finesse de goût est celui-ci :

Vin de Picardan sec.............. 60 lit.
Vin de Tavel vieux et bien vineux... 25 lit.
Infusion de noix vertes........... 2 lit.
Infusion de coques d'amandes amè-
res.......................... 2 lit.

Sirop de raisin.................... 3 lit.
ou mieux sucre candi............... 1 kil. 500 gr.
Eau-de-vie distillée à 58 degrés..... 10 lit.

Fondre le sucre dans une portion du vin, le réunir à la composition et bien mélanger.

Vin de Malaga.

Vin de Bagnols vieux................ 80 lit.
Sirop de raisin..................... 10 lit.
ou sucre de la Martinique............ 8 kil.
Infusion de noix vertes.............. 2 lit.
Alcool à 85 degrés.................. 8 lit.
Infusion de goudron, quantité suffisante pour être inaperçue.

Opérer comme ci-dessus.

Vin muscat de Frontignan.

Vin de Picardan sec............... 80 lit.
Sirop de raisin.................... 8 lit.
ou sucre candi.................... 4 kil.
Fleurs sèches et mondées de sureau à
   feuilles de persil et de l'année... 500 gr.
Alcool........................... 12 lit.

Fondre le sucre sur le feu avec un peu d'eau, y mettre infuser les fleurs de sureau jusqu'à refroidissement, passer sur une toile ou un tamis, verser ensuite du vin sur les fleurs pour enlever le peu de sucre qu'elles retiennent, et agiter fortement tout le mélange.

Vin muscat de Lunel.

Vin de Picardan doux.............. 85 lit.
Sirop de raisin...................... 6 lit.
ou sucre candi.................... 3 kil.
Fleurs sèches de sureau, les mêmes que
    ci-dessus....................... 600 gr.
Alcool à 85 degrés................ 10 lit.

Opérer comme pour le Frontignan.

Vin de Tokai.

Vin de Bagnols, très-vieux........... 80 litres.
Sirop de raisin...................... 10 —
ou sucre candi.................... 5 kilog.
Fleurs sèches de sureau de l'année.... 300 gram.
Infusion de framboises blanches...... 2 kilog.
    —   de noix vertes.............. 1 —
Alcool à 85....................... 6 —

Opérer comme pour le Frontignan.

Vin de Xérès.

Ajouter aux quantités des substances indiquées

pour le madère, de 1 à 2 litres, infusion de framboises blanches.

Vermout de Turin.

La qualité du vermout ne dépend pas, comme on pourrait le penser, de la juste proportion des ingrédients qui servent à le préparer, elle dépend encore, et autant peut-être, de la manière de les employer ; c'est une vérité que nous avons acquise par l'expérience et que nous allons démontrer :

Composition.

Chardon bénit	125 gram.
Pulmonaire	125 —
Rhubarbe	25 —
Muscades	15 gram.
Zestes de bigarades	5 —
Grande absinthe	125 —
Iris râpé	10 —
Vin blanc de Picpoul doux ou de Picardan	100 litres.
Alcool à 85 degrés	5 —

Faire infuser pendant huit jours, tirer à clair, coller ; soutirer et recoller de nouveau avant de mettre en bouteilles.

Voilà pour le vermout tel qu'on le fabrique à Montpellier, à Cette et à Lyon, sauf pourtant l'addition ou le remplacement de diverses plantes par d'autres plantes, selon les recettes ou le jugement du fabricant, circonstances qui multiplient à l'infini la qualité du vermout.

Ayant remarqué plusieurs fois chez un fabricant une différence sensible dans la qualité de son vermout, bien qu'il s'observât à n'employer que les mêmes substances et dans les mêmes proportions, nous avons cherché à nous rendre compte de la cause ; à l'aide de diverses opérations comparatives, nous sommes arrivé à reconnaître qu'elle était due à l'imperfection du dosage des substances dans le vin.

Aussi sommes-nous arrivé à pouvoir fabriquer, avec assez de régularité, du vermout ayant la qualité d'être à volonté plus amer qu'aromatique ou plus aromatique qu'amer, ou combiné de telle sorte qu'aucun de ces deux principes ne domine l'autre.

Voici comment nous opérons :

Nous mettons infuser à part chacune des plantes aromatiques, et, à part également, toutes celles qui sont amères. Les infusions faites, nous en prenons la valeur d'un verre, que nous filtrons si elles sont troubles, et, pour nous fixer sur les quantités à employer de chacune, nous étudions, à titre d'essai, des quantités variées de chacune des infusions aromatiques, de manière à arriver à ce qu'aucun des aromes dont elles sont pourvues ne domine l'autre.

Nous en faisons autant pour chaque infusion amère ; enfin, pour arriver à procurer au vermout tous les goûts d'arome et d'amertume désirés, nous terminons par un dernier essai, celui de proportionner le produit aromatique homogène obtenu, si nous pouvons nous exprimer ainsi, avec celui qui est amer, de manière à ce que, ces deux produits étant réunis, le vermout qui en résulte ne soit ni trop amer ni trop aromatique, ou que l'un domine sur l'autre suivant le besoin.

Nous prenons pour durée des infusions, après leur préparation, cinq jours lorsqu'elles sont disposées dans un endroit chaud, et huit jours lorsqu'elles le sont dans un endroit frais.

Tous les vins blancs sont convenables pour faire du vermout, du moment qu'ils sont un peu doux, bien vineux et de moyen âge.

Quand on a à ne pouvoir employer que des vins secs, on doit les rendre légèrement doux en leur ajoutant du sucre de préférence au sirop de raisin comme étant moins sujet à se tourmenter et meilleur conservateur.

Les vins de liqueurs, quels qu'ils soient, ont besoin de vieillir pour que les principes qui les composent s'unissent et se combinent intimement, ce n'est qu'alors qu'ils ont de la qualité ; on ne doit les coller qu'après en avoir fait le soutirage.

§ 2. *Autres méthodes de faire des vins de liqueurs, dites méthodes de Paris.*

Ici, comme précédemment, nous bornerons nos opérations à un hectolitre de liquide.

Madère.

Vin blanc de bonne qualité.............. 94 litres.
Sucre brut Martinique.................. 3 kilog.
Miel jaune, agréable de goût............ 3 —
Eau-de-vie à 58 degrés................ 8 litres.
Fleurs de houblon, suivant sa qualité, de 10 à 25 gram.

Mêler et soutirer au bout de quinze jours.

Malaga.

Vin de Bergerac, vieux................. 60 litres.
Vin de Collioure, vieux................. 30 —
Sucre brut.......................... 8 kilog.
Raisin de Malaga réduit en pâte.......... 20 —
Alcool à 85 degrés.................... 6 litres.

Bien mêler jusqu'à dissolution du sucre, laisser le vin se faire pendant trois mois ; le soutirer et le coller quinze jours avant de le mettre en bouteilles.

Muscat ordinaire.

Vin de Bergerac, doux....................	100 litres.
Fleurs sèches de sureau de l'année........	125 gram.
Graine de coriandre concassée...........	125 —

Mêler, infuser pendant quinze jours, soutirer et coller.

Muscat de Lunel.

Vin blanc de Vouvray.....................	90 litres.
Sirop de capillaire......................	3 kilog.
Eau distillée de sureau..................	2 —
Eau-de-vie à 58 degrés...................	8 litres.

Mêler, soutirer un mois après et coller. Ce vin est très-agréable.

Porto.

Vin de Roussillon, vieux.................	70 litres.
Ratafia des quatre fruits, vieux...........	25 —
Alcool à 85 degrés......................	5 —

Mêler exactement et attendre deux mois.

Rota.

Vin de Roussillon.....................	80	litres.
Sucre brut	2	—
Vin muscat ordinaire.................	12	—
Ratafia de cerises noires......	8	—
Infusion de noix vertes...............	1	—

Fondre le sucre dans le vin, opérer le mélange général, et le coller.

CHAPITRE XI

—

De la conservation des Vins en fûts pleins et en fûts en vidange

Tout ce qui tient à l'art de conserver les vins peut se réduire à l'ouillage, au soutirage, au soufrage et au collage.

Par *ouillage,* nous entendons le remplissage des fûts, au moins tous les mois, afin de chasser l'air existant dans le vide du fût, lequel, par sa présence, détériorerait la qualité du vin. Il est en effet bien reconnu que la moindre négligence dans l'ouillage des vins les expose à des altérations auxquelles on peut difficilement remédier.

En tenant les tonneaux toujours pleins, ce n'est

donc pas seulement mettre le vin à l'abri de l'action destructrice de l'air, c'est encore aider sa conservation et son amélioration, amélioration qui ne peut toutefois avoir lieu qu'autant que le remplissage est effectué avec le même vin ou avec un autre d'égale qualité, mais exempt de tout germe de maladie ou de dérangement, car s'il en existait un, il ne tarderait pas de s'inoculer à la masse entière, qu'il détériorerait infailliblement. Il est donc vrai de dire qu'on ne saurait trop bien choisir le vin destiné pour le remplissage.

La manière d'opérer le remplissage n'est pas la même partout; quelles qu'elles soient, la préférence doit être donnée à celle opérée à l'aide d'un bidon muni d'une douille recourbée de manière à pouvoir entrer par la bonde et pénétrer dans le vin d'au moins 8 à 10 centimètres, parce qu'alors, la surface du vin n'étant pas pour ainsi dire rompue, toutes les particules surnageantes, soit fleurs ou autres, arrivent à la surface, sans se rompre ni se réintégrer dans le vin, et parviennent ainsi à s'échapper entièrement par la bonde.

Par *soutirage*, la séparation du vin de sa lie ou des impuretés que le repos et une fermentation lente lui ont fait déposer, composées de tartre, de mucilage, de parties colorantes et de ferment qui, par un trop long séjour, enlèveraient, au vin léger plus particulièrement, sa limpidité et sa finesse et occasionneraient par suite sa dégénération.

L'expérience a, d'ailleurs, prouvé que, tant qu'on conserve des vins en tonneaux, on doit les soutirer avant chaque équinoxe, et qu'il doit en être de même toutes les fois qu'il faut les déplacer ; car ils peuvent avoir fait un nouveau dépôt qui, mêlé à la liqueur, altérerait sa limpidité et sa saveur. Il est un fait réel, que les vins qui ont été bien soutirés se conservent plus longtemps, sont plus clairs et peuvent supporter le transport plus facilement que ceux qu'on garde sur la lie.

Quant aux vins blancs, on est généralement d'accord sur l'inconvénient de leur soutirage ; ils perdent de leur qualité et se colorent davantage : c'est un effet de l'air atmosphérique. Il suffit, pour s'en convaincre, de déboucher une bouteille : le premier verre sera blanc aujourd'hui, il sera ambré demain ; c'est principalement sur les vins des environs de Bordeaux que nous avons fait cette remarque.

Tout vin qui se conserve d'une limpidité parfaite et n'éprouve aucun changement dans sa saveur et son arome ne demande pas d'être soutiré, mais aussitôt que sa transparence diminue, ou qu'elle se ternit, ou que le vin devient trouble et que sa saveur dégénère, il faut, quelle qu'en soit la cause, le soutirer dans un fût que l'on mèche au moment même où l'on veut faire cette opération, cet auxiliaire ayant le pouvoir, en pénétrant dans les molécules du vin, de paralyser toutes causes désorganisatrices.

Si nous conseillons de soutirer dans un fût méché à l'instant, c'est parce que nous avons remarqué que dans un fût méché depuis plusieurs jours, une légère partie du gaz sulfureux est adhérente aux douves du fût, et que l'autre partie est évaporée, d'où il s'ensuit que le vin qu'on y introduit ne rencontrant pas suffisamment de gaz, le mal dont il est atteint continue d'exister.

Le soutirage étant insuffisant à la conservation des vins et ne devenant efficace dans beaucoup de cas, que combiné avec le soufrage, voyons tous les avantages que présente cette opération.

CHAPITRE XII

—

Du soufrage ou méchage des Vins

Soufrer ou mécher les tonneaux et les vins, c'est les imprégner d'une vapeur sulfureuse qu'on obtient communément par la combustion de petites bandes de toile enduites de soufre, qui ont pris dans le commerce le nom de mèches soufrées.

Dans cette opération, le soufre, en brûlant, absorbe l'oxygène de l'air; c'est donc cette propriété du soufre, mis par la combustion à l'état de gaz sulfureux, qui produit les effets du soufrage.

Ainsi, le tonneau dans lequel on a brûlé une ou plusieurs mèches, suivant sa capacité, ne contient plus d'oxygène, mais, contenant du gaz sulfureux avec excès, celui-ci s'empare de l'oxygène qui peut être contenu dans le vin, au fur et à mesure qu'on introduit le vin dans le tonneau ; le vin, alors privé d'oxygène, perd pour quelque temps la propriété de fermenter.

Le soufrage décolore légèrement les vins ; ce peut être un inconvénient pour ceux qui ont peu de couleur, mais c'est un avantage pour ceux qui en sont trop surchargés.

Lorsqu'on soutire des vins vieux bien francs, il suffit de brûler un petit morceau de mèche soufrée dans le tonneau destiné à être rempli ; mais lorsqu'il s'agit de soufrer des vins qui ont une tendance ou un commencement de dérangement, on doit mécher plus fortement.

On soufre aussi le vin sans le transvaser ; cela s'appelle mécher sur vin ; pour cela on en tire une partie, on introduit une mèche par la bonde, et on la fait brûler à la surface du vin ; quand le vide est bien rempli de vapeur sulfureuse, on agite le vin pour le faire pénétrer par le gaz ; ensuite on remplit le tonneau.

C'est par ce même moyen que l'on parvient à empêcher le vin qui reste longtemps dans un fût en vidange de se déranger ; dans cette circonstance, on brûle un morceau de mèche sur le vin en l'introduisant par la bonde ; à ce moment on doit replacer la bonde et fermer hermétiquement le tonneau.

Il est encore un autre moyen de soufrer les vins dont aucun auteur n'a encore parlé : c'est l'emploi de l'acide sulfureux liquide.

Ce moyen trouve encore son usage pour le soufrage des tonneaux ; là où les mèches soufrées sont sans action, le gaz sulfureux liquide agit immédiatement.

Quand les mèches soufrées sont sans action, c'est lorsqu'en les introduisant dans les tonneaux elles refusent de brûler ; cette circonstance est due à ce que l'air contenu dans le tonneau se trouvant vicié par la présence d'autres gaz acétique et carbonique, il a perdu la propriété d'entretenir la combustion de la mèche ; alors, pour chasser ces différents gaz, il faut avoir recours à l'un ou à l'autre des deux expédients suivants : mettre le tonneau bonde dessous si l'on peut différer le soufrage de quelques heures ; bonde dessous également et introduire beaucoup d'air dans le tonneau en faisant agir un soufflet par le trou du soutirage si l'on est pressé de faire le soufrage.

Soufrage aux mèches soufrées

Le choix des mèches pour soufrer, ainsi que la manière de les brûler, ne sont pas sans importance pour ne pas communiquer au vin soit une saveur de soufre, soit une odeur de fumée.

Le commerce nous en offre de deux sortes, l'une qui est de soufre seul appliqué sur une bande de toile, l'autre, dite de Strasbourg, qui est également chargée de soufre, mais saupoudrée de fleurs de violette ; la première sorte, laissant écouler une grande partie de son soufre à l'état de fusion, devrait n'être jamais employée, et si celles de Strasbourg leur sont préférables, c'est parce que, le soufre dont elles sont chargées étant retenu par la présence des fleurs, leur combustion a lieu entièrement et donne naissance à un plus grand dégagement de gaz.

Quelle que soit la mèche que l'on emploie, il est vrai de dire qu'il est prudent, même indispensable, de ne pas attendre la finition entière de la combustion du soufre dont elle est chargée, attendu que, mise à son tour en combustion, elle procurerait une odeur de fumée des plus désagréables, qui se communiquerait infailliblement au vin, cas qui s'aggraverait encore si la mèche carbonisée tombait dans le tonneau. Pareille circonstance arrivant, on doit l'en faire sortir à l'aide de plusieurs lavages, et si l'odeur de fumée se fait encore remarquer, laver de nouveau le tonneau avec un lait de chaux et après un parfait nettoyage, remécher à nouveau.

Nous ne répéterons pas les avantages du sou-frage des vins par le gaz sulfureux, les ayant suffi-samment fait connaître précédemment; passons donc à un troisième moyen de méchage.

Méchage à l'alcool

Nous sommes bien éloigné d'être de l'avis d'un journal qui conseille d'employer la combustion de l'alcool en remplacement de celle des mèches sou-frées.

L'alcool enflammé n'ayant aucun principe désoxy-génant, ne peut agir aucunement sur les causes perturbatrices du vin ; son seul mérite est d'assai-nir le fût dans lequel on l'a fait brûler. Aussi, don-nons-nous la préférence au méchage sulfureux, car si ce dernier est excellent pour les vins en santé, on peut affirmer qu'il l'est encore davantage pour ceux qui sont malades ou qui ont une tendance à le devenir.

Le méchage à l'alcool n'étant pas sans danger dans des mains inexpérimentées, on devra, pour l'opérer, non pas verser de l'alcool dans les futailles et l'enflammer, mais, pour toute sécurité, attacher un petit tampon d'amiante à la tige d'un méchoir, le tremper dans l'alcool, le laisser égoutter un instant, puis l'enflammer et l'introduire peu à peu, à la manière ordinaire, dans le tonneau.

L'amiante étant incombustible, on pourra le faire reservir pour ainsi dire indéfiniment.

Peut-être n'est-il pas non plus indifférent d'observer que, quel que soit le mode de méchage adopté, il y aurait imprudence, même danger, de mécher des fûts ayant contenu des spiritueux, le feu pouvant prendre dans la futaille et occasionner une explosion, événement qui malheureusement n'est pas sans exemple.

Observons ici que le soutirage, le soufrage et la clarification, ne sont pas les seuls à employer pour conserver les vins dans toutes leurs qualités jusqu'à la dernière goutte ; on y parvient encore en le couvrant d'une couche d'huile, nouvelle de préférence, dans la proportion d'une bouteille au plus par pièce ordinaire ; l'huile ainsi répandue en couche légère sur la surface du vin, empêche l'évaporation des parties alcooliques, en même temps qu'elle empêche l'approche de l'oxygène de l'air atmosphérique, cause de toutes les altérations qu'éprouvent les vins en général, principalement ceux tenus en vidange.

Ce moyen s'emploie avec le même avantage pour les fûts pleins comme pour les foudres, quelle que soit leur grandeur ; mais il faut, pour l'appliquer avec succès, que les vins aient reçu deux ou trois soutirages.

Lorsqu'on est à finition d'un fût, ou qu'on approche du moment de son levage, on reçoit le liquide restant dans un vase beaucoup plus étroit par le bas que par le haut, ayant un robinet à sa base, afin d'obtenir tout le vin sans mélange d'huile. L'huile peut être employée ensuite pour la lampe.

Observations essentielles

SUR LE SOUFRAGE DES VINS

—

Rappelons que le soufrage est, sans contredit, un des plus puissants moyens à mettre en œuvre pour la conservation du vin ; par lui on parvient à maintenir ceux qui ont des dispositions à s'emporter, et on calme ceux qui sont déjà en effervescence ; il aide à conserver les vins blancs dans leur état primitif de douceur, et empêche presque toujours les autres de passer au jaune; il suspend les maladies des vins, il les soutient en santé, dans les cuves comme en voyage ; enfin, il facilite l'homogénéité des vins, parce qu'en les désoxygénant, il enlève au ferment son principe d'action, et établit ainsi une permanence de calme, qui facilite le mélange des éléments entre eux et rend l'effet du collage beaucoup plus parfait.

Mais qu'on ne s'y méprenne pas ! le soufrage ne procure tous ces avantages qu'autant qu'on écoule le vin au-dessus du gaz sulfureux, par conséquent au moment où l'on retire la mèche du fût après être brûlée.

Ainsi, un méchage fait à l'avance ne pourrait remplir le même but, par cela même qu'une grande partie du gaz se trouvant condensée aux parois du fût, elle se trouverait sans effet. Nous le répétons donc, les effets du méchage consistent dans l'action de verser le vin sur le gaz sulfureux provenant de de la combustion de la mèche : au moment même où l'on vient de retirer cette dernière du tonneau, la vapeur sulfureuse traversant alors la masse tout

entière du liquide, constitue pour lui, si nous pouvons nous exprimer ainsi, un bain de vapeur sulfureuse dont l'effet est d'opérer sa désoxygénation
et d'arrêter chez lui la fermentation si elle a lieu,
ou de la prévenir quand elle n'a pas encore com-
mencé ; ce qui nous amène à tirer cette autre conséquence que, le ferment se trouvant privé pour un
temps de son action par l'absorption du gaz
oxygène contenu dans le vin, il se désunit en
partie, dépose et peut ainsi être séparé ensuite du
vin en opérant un soutirage.

CHAPITRE XIII

—

Du collage ou clarification des Vins

Le soutirage et le soufrage des vins séparent bien une partie de ses impuretés, et éloignent, conséquemment, quelques-unes des matières qui altèrent sa limpidité; mais il reste encore des parties hétérogènes suspendues dans ce fluide, qu'il convient de précipiter par l'opération d'une clarification artificielle ou d'un collage.

L'opération du collage non-seulement dégage le vin des matières qui altèrent sa limpidité, mais il détermine encore la précipitation de celles tenues en dissolution dans le vin, et qui ne se précipiteraient que beaucoup plus tard. Elle débarrasse également le vin des matières qui nuisent le plus à l'agrément de son goût, et elle détruit ou plutôt suspend pour un temps plus ou moins long la fermentation insensible que ces substances y entretiennent. En effet, le vin que l'on tire, après l'avoir bien clarifié à l'aide du collage, présente un caractère nouveau dans l'odeur et la saveur; il ne dépose que très-longtemps après, tandis que celui que l'on tire sans le coller, dépose beaucoup plus tôt et forme une lie bien plus volumineuse et plus légère.

La clarification étant, par tout ce qui précède, reconnue comme un moyen puissant pour bonifier et conserver les vins, nous pensons qu'il est utile de la faire connaître dans ses différents effets; cela nous amènera à apprendre à connaître les différentes substances clarifiantes ainsi que leurs manières d'opérer.

La clarification est le résultat d'une action *chimique*, puis *mécanique*, ou seulement *mécanique* suivant la nature des substances employées pour l'opérer.

L'action est d'abord chimique, puis mécanique, toutes les fois que les substances introduites dans le vin sont susceptibles de se combiner avec une ou plusieurs de ses parties, ou d'être dénaturées par sont contact avec elles.

L'action est simplement mécanique lorsqu'on introduit dans la liqueur, des substances qui y sont insolubles, et qui se précipitent par leur propre poids. Dans le premier cas, les matières introduites dans le vin et les parties de ce liquide qui se combinent avec elles, éprouvent alors une décomposition et une recomposition qui les rendent insolubles, et leur donnent une densité suffisante pour qu'elles se précipitent au fond du tonneau. Dans le second cas, les matières introduites dans le vin, n'ayant aucune affinité avec les principes qui le constituent, se précipitent naturellement et entraînent avec elles les particules de couleur, de lie et de tartre qu'elles rencontrent sur leur passage.

Parmi les substances qui exercent sur le vin une action d'abord *chimique*, puis *mécanique*, on remarquera principalement la colle de poisson, celle de gélatine d'os, l'albumine ou blanc d'œuf, le sang des animaux, la gomme, etc. ; mais elles n'opèrent pas de la même manière, et ne se combinent pas avec les mêmes parties.

Les matières qui exercent sur le vin une action *mécanique* sont les *cailloux* calcinés et réduits en poudre, l'*albâtre gypseux*, l'*albâtre calcaire*, les *coquilles d'huîtres* calcinées, le *papier gris*, etc.

Lorsque c'est la *colle de poisson* qui sert au collage des vins, on la coupe ou on la déchire en petits morceaux, on la fait tremper dans un peu de vin, avec son poids égal d'acide tartrique; elle se gonfle, se ramollit, forme une masse gluante qu'on divise et qu'on verse sur le vin. On se contente alors d'agiter fortement, après quoi on laisse reposer. La colle, formée en grande partie de gélatine, se combine avec le tannin du vin, et acquiert par cette union une pesanteur suffisante pour se précipiter et former un réseau qui entraîne au fond du vase les parties colorantes, tartareuses, mucilagineuses et autres, qui se sont séparées, ou qui tendent à se séparer du vin; cinq grammes de colle ainsi préparée, suffisent pour coller deux cent cinquante litres de vin; une plus grande quantité de colle forme beaucoup plus de dépôt, et ne rend pas le vin plus clair.

Si on dissout cinq grammes de colle dans sept décilitres et demi de vin blanc, et que l'on complète le litre avec de l'eau-de-vie, la colle se conservera longtemps sans perdre de ses propriétés; il est indispensable de bien boucher la bouteille et de la tenir couchée à la cave.

L'albumine ou *blanc d'œuf* se combine avec le

tannin, mais il est bien plus tôt coagulé par l'alcool; il forme aussi un réseau sur le vin qui, peu à peu, se précipite et entraîne avec lui tout ce qui lui est superflu. Dans les climats chauds on substitue, nous a-t-on dit, pendant l'hiver, le blanc d'œuf à la colle; cinq ou six suffisent pour cent cinquante litres de vin. On les bat d'abord avec une pincée de sel; on verse ensuite le mélange dans la pièce. Mais ce moyen ne doit pas être employé sans précaution, car pour s'être servi d'un œuf qui avait déjà éprouvé un commencement d'altération, on a souvent dénaturé ou masqué le parfum des vins. Il résulte aussi de nos observations sur les effets de la clarification par les blancs d'œufs, que, si on leur réunit les jaunes, le vin clarifié est davantage dépouillé de sa couleur et devient plus tendre.

Le *sang* est une autre albumine qu'on peut substituer à la colle et aux œufs; une portion se combine avec le tannin et avec les parties colorantes; l'autre est coagulée par l'alcool. Employé dans la proportion d'un cinquième de litre sur deux cent cinquante litres de vin, il procure aux vins fortement chargés en couleur, un rouge plus vif et plus flatteur; aux vins moins chargés en nuance, une couleur de vin vieux; aux vins déjà vieux, celle de pelure d'oignon plus ou moins prononcée; enfin, employé sur des vins blancs passés au jaune, il les décolore et leur rend leur couleur primitive; et si on lui adjoint cent vingt-cinq grammes de noir d'ivoire en poudre, parfaitement épuré, il lui enlève complétement sa couleur en le rendant blanc et clair comme de l'eau filtrée.

Le sang, étant susceptible d'une prompte décomposition, demande à être employé de suite; pour le conserver, deux moyens se présentent, son mélange par portions égales avec de l'alcool à 58 degrés, ou sa dessiccation. L'emploi du sang desséché est aujourd'hui en grande faveur pour la clarification; il fait la base des poudres répandues dans le commerce sous le nom de poudre de Julien, Mège, Beziat et autres; pour nous, nous n'admettons son emploi que pour les vins de cabaret ou de comptoir, et nous le rejetons pour les vins à mettre en bouteilles, ayant reconnu que les œufs et la colle de poisson leur sont préférables.

Parmi les poudres destinées à la clarification des vins, la *pulvérine* d'Appert est une de celles qui méritent la préférence, non-seulement par ses grandes propriétés clarifiantes, mais comme étant sans goût et sans odeur.

Employée à la dose de 16 à 20 grammes par pièce de 230 à 250 litres, elle opère une clarification qu'on pourrait dire instantanée, tant elle est prompte.

A la dose de 32 grammes, elle dépouille le vin d'une partie de ses principes tartareux, en lui procurant plus de moelleux et de finesse.

En doublant les doses de *pulvérine*, on procure, non-seulement au vin d'une année toutes les qualités d'un vin vieux, comme saveur et comme couleur, mais on remet, ou rétablit, dans leur premier état, les vins blancs qui ont passé au jaune, les vins fatigués ou malades.

Employée pour les vins de liqueurs, elle en opère la clarification d'une manière si parfaite que le vin, au lieu de rester pâteux, acquiert ce moelleux, cette finesse et ce bouquet fin qu'on ne rencontre que dans les vins très-vieux de cette espèce.

Cette poudre blanche, étant sans goût et sans odeur, est préférable assurément aux différentes poudres servant au même usage, dont la plupart ne sont qu'un composé de tannerie et de sang de bœuf.

Un autre avantage de la *pulvérine*, c'est que les lies qui en proviennent sont pures de goût et peuvent se clarifier; si l'on considère son prix de 4 fr. le demi-kilog. divisé en 16 paquets de 32 grammes, on remarque de plus une économie de 50 à 80

p. 100 sur toutes les autres substances employées au collage des vins.

La fabrique de M. Appert est située rue de la Mare, n° 75, à Paris; son dépôt principal est toujours maison Dubief, boulevard de Fontarabie, 10, à Paris.

Poudre œnolophile

Notre ouvrage ayant pour programme l'amélioration des vins, nous avons encore à parler de la poudre œnolophile de M. Mayer, rue Pierre-Levée, n° 11, à l'aris.

Cette poudre, d'après le prospectus que nous venons de consulter, est composée d'albumine pure, obtenue du sang, après avoir débarrassé celui-ci de tous ses corps étrangers et de son principe d'animalisation, ce qui la rend d'autant plus précieuse, qu'elle peut alors être employée indifféremment au collage des vins, comme à celui des eaux-de-vie, du rhum et du vinaigre, sans avoir jamais à appréhender de communiquer au vin aucun goût étranger, n'en possédant pas elle-même. Elle a de plus, pour elle, un grand avantage économique, celui de la dépense de 5 à 6 centimes par pièce de 230 litres, ce qui en coûterait 30 à 40 en employant des œufs.

' Le *lait* est quelquefois employé pour les vins de cabaret ou de comptoir, mais nous le rejetons pour les vins à mettre en bouteilles, les œufs et la colle de poisson leur étant préférables.

Il est quelquefois employé pour clarifier les vins blancs; mêlé avec de la crème, il les décolore très-légèrement; avec 125 grammes de noir d'ivoire, il décolore les vins blancs qui ont contracté une teinte jaune; son action sur le vin approche de celle des blancs d'œufs.

On prétend que la *gomme arabique* est employée à la clarification, et que 62 grammes en poudre fine suffisent pour clarifier 400 litres de vin. Nous ne l'avons pas essayé.

La gélatine d'os, dont la parfaite extraction est due à M. Darcet fils, présente de grands avantages; son action est la même que celle de la colle de poisson. Elle se combine principalement avec le tannin, la lie qu'elle produit est plus lourde et moins volumineuse que celle formée par les blancs d'œufs.

Passons maintenant en revue les substances dont l'action est simplement *mécanique*.

Les *cailloux* calcinés et réduits en poudre, à la contenance d'un litre, versés et fouettés dans un tonneau de 240 litres, entraînent, en se précipitant, toutes les impuretés qui obscurcissent la transparence du vin.

Le *sable* a été indiqué comme susceptible de produire le même effet ; mais, ayant remarqué que, sa précipitation étant trop prompte, il n'occasionnait pas une limpidité parfaite, nous n'en conseillons pas l'usage.

L'*albâtre gypseux*, employé à l'état de cristallisation, se précipite dans le vin comme les cailloux ; mais, quand il est calciné, il absorbe une quantité d'eau égale à 0,21 de son poids, et tombe au fond du tonneau à l'état de plâtre cristallisé.

L'*albâtre calcaire* et les *écailles d'huîtres* calcinées agissent comme la craie ; leur emploi ne doit se faire que pour les vins très-verts ou trop acides.

Le papier gris est un excellent clarifiant. En l'employant dans la proportion d'environ 1 kilog., non collé et bien réduit en pâte sur 230 litres de vin, il nous a rendu toute la transparence désirable à un vin qui était toujours resté louche malgré qu'il eût subi différents collages.

Ainsi qu'on vient de le voir, il existe un grand nombre d'agents clarificateurs, tous plus ou moins bons, mais en général, impropres aux exigences du vin ; car il ne faut pas seulement clarifier, il faut encore opérer la clarification sans détériorer le vin, sans attaquer ni sa couleur, ni son bouquet, surtout sans y introduire un principe de décomposition, de fermentation ou de maladie et sans faire un déchet considérable. Il faut, de plus, que l'agent clarificateur puisse au besoin désacidifier en même temps que clarifier les vins trop verts ou trop acides, ou clarifier et guérir tout à la fois ceux entrés en maladies, toutes circonstances qui étaient autant de problèmes, avant les belles découvertes de MM. Lebeuf et Cⁱᵉ, d'Argenteuil, chimistes distingués, lesquels fournissent au commerce, depuis déjà un bon nombre d'années, des poudres de leur composition appropriées à l'état des vins, poudres qui ont mérité aux auteurs une récompense à l'exposition de Saint-Dizier et la préférence des maisons de commerce.

L'une des poudres dont nous parlons est ainsi désignée :

N° 1, clarifiant tous les vins rouges ou blancs, et les eaux-de-vie.

N° 2, les vins nouveaux ;

N° 3, les vins gras, ou malades ;

N° 4, ceux qui ont un goût de terroir ou de fût.

Les autres poudres portent les noms de :

Poudre anglaise, pour clarifier les vins, les bonifier et augmenter de suite leur bouquet;

Poudre des vins de Bordeaux et de la Gironde, pour les clarifier;

Poudre des vins de Bourgogne, pour les clarifier, les conserver et les dépouiller;

Poudre des vins du Midi, pour les clarifier, les conserver, arrêter l'aigre et aviver leur couleur;

Poudre décolorante, pour décolorer, clarifier les vins blancs et les vinaigres.

Considérations sur le collage des Vins

Nous n'avons pas à discuter sur la nécessité plus ou moins grande du collage, l'expérience ayant prouvé qu'il fait partie des moyens améliorateurs et conservateurs non-seulement des vins des mauvaises années, des mauvais cépages, de ceux dont les éléments constitutifs ne sont pas en rapport pour arriver à bonne fin, mais encore des vins qui ont pour eux le corps, la force et l'arome en partage.

En effet si l'on fait subir à des vins communs, provenant de mauvais cépages très-chargés en principes fermentescibles et acides, un, deux, et même trois collages la première année, on arrive à enlever à ces vins leur excès de ferment, d'acidité et de verdeur, et ces vins se conservent et s'améliorent d'une manière sensible.

Des collages distancés donnés à des vins ou trop chargés en couleur, ou laissant à la bouche une sorte d'empâtement, ceux-ci perdent une partie de leur couleur, ceux-là deviennent moins lourds et plus coulants.

Si enfin le collage est administré à des vins ayant du corps, de la force et de l'arome, ceux-ci gagnent plus vite en qualité et en finesse, le bouquet et la maturité du vin se prononce également plus tôt chez eux.

Mais, si le collage opéré une ou plusieurs fois pendant la première année est avantageux pour beaucoup de vins, il n'en faut pas conclure qu'il serait profitable à tous.

Ainsi des vins nouveaux, qui seraient légers, qui ne contiendraient qu'à peine, ou tout juste la quantité de ferment et d'acide nécessaires à leur fermentation insensible, perdraient en qualité, et leur conservation serait de peu de durée, leur fermentation étant devenue imparfaite.

Il en serait de même de ceux qui proviendraient des bonnes années ou des grands crus, par cela même que leurs constitutions se trouvant dans les conditions les plus favorables à leur bonne organisation, un collage viendrait déranger la bonne harmonie de leurs principes; ce qui nous vient à dire qu'il faut opérer et multiplier les collages en raison de la constitution particulière du vin, et des circonstances qui peuvent ou viennent l'agiter, le tourmenter et le mettre en travail.

Le vin doit-il rester sur colle.

On dit généralement que ce sont les circonstances atmosphériques qui en déterminent la prolongation ou qui leur imposent les limites. Erreur!

Pour prouver que ce jugement est erroné, il nous suffirait de nous reporter aux seules influences de l'atmosphère; mais nous avons encore la constitution des agents clarificateurs, et ceux du vin lui-même : recueillons leur influence, leur propriété, et déterminons le moment de soutirer le vin de dessus sa colle.

Quand on colle au sang, à la colle forte, il convient de soutirer aussitôt que le vin est bien éclairci et que sa lie a eu le temps de bien s'agglomérer; la puissance décolorante que possède le sang, joint à ses effets d'affadir le vin, et l'inconvénient qu'a la colle forte d'être un composé de substances animales le plus souvent à l'état de décomposition commençante, ne peuvent permettre au vin un plus long séjour sur ces sortes de colles; celle dite gélatine, par cela même qu'elle est épurée et clarifiée, présente moins d'inconvénient sous ce rapport; mais elle a le grand tort, à l'exemple du sang et de la colle forte, d'enlever au vin beaucoup de tannin et du principe colorant.

La colle de poisson, autre gélatine, a bien aussi le pouvoir de précipiter un peu le tannin du vin, mais ses effets sont moins funestes à la saveur des vins que ceux des substances que nous venons d'énoncer. Elle est de tous les agents clarificateurs le meilleur pour le collage des vins blancs.

Quant aux diverses poudres employées aujourd'hui, n'en connaissant pas la composition d'une manière précise, nous ne pouvons qu'attester leur bonne efficacité en général, ce qui nous oblige de conclure que, de tous les agents de la clarification dont les principes nous sont connus, la colle aux œufs bien frais, étant conséquemment à l'état de pureté de composition, est celle qui est le moins susceptible de communiquer au vin une saveur désagréable par un plus long séjour. Conséquemment, elle permet d'attendre plus longtemps le soutirage du vin. Voilà pour la composition des différentes colles les plus usitées.

Le séjour du vin sur la colle, dit-on généralement, doit être limité suivant les saisons : ce dire a peut-être une raison d'être, mais il n'est pas une vérité.

Il semble vrai, parce qu'en hiver, toutes végétations, toutes fermentations cessant en quelque sorte, le vin peut demeurer quelques mois sans danger sur sa lie ; qu'au contraire, au printemps, dans l'été, tous les éléments de la nature se prêtant plus ou moins aux actes merveilleux de la végétation et de la fermentation, le vin, alors ébranlé dans ses éléments, a besoin d'être soutiré plus tôt, de crainte que sa lie, tourmentée elle-même, ne vienne l'altérer.

Ce n'est pas une vérité, attendu qu'il est un fait bien acquis, que le vin, pendant toute son existence et principalement dans ses premières années, éprouve un mouvement intestin plus ou moins sensible ; que ce mouvement est plus grand encore dans la lie en raison de ses parties hétérogènes, lesquelles non-seulement ont une tendance continuelle à remonter dans le vin par une sorte de fermentation continue, mais dégagent encore dans ce dernier toutes ses émanations, émanations d'autant plus faciles à se dégager, que la lie est moins agglomérée et moins compacte.

De tous ces différents motifs, nous tirons cette conséquence, que, pour éviter de procurer au vin, des principes fâcheux pour sa saveur et son bouquet, après l'avoir dépouillé par le collage de ceux qui étaient nuisibles à son élaboration, il est une limite, un temps auquel il convient de se conformer, si l'on ne veut pas encourir des conséquences parfois très-funestes à la qualité du vin. Cette limite, avons-nous déjà dit, est celle où le vin est parfaitement éclairci, et que la lie est jugée suffisamment précipitée et agglomérée pour n'avoir que peu de déchet.

Ce soin de ne pas laisser séjourner trop longtemps le vin sur la lie a principalement son mérite, pour ceux qui sont peu riches en tannin et en alcool, ceux encore qui sont susceptibles d'éprouver une perturbation, ou d'entrer en travail, aussitôt le changement de saison, la pousse de la vigne, sa fleuraison, et le moment des chaleurs.

CHAPITRE XIV

—

Arome, séve, bouquet et goût de terroir.

L'arome, a dit un savant chimiste, est dû à l'enveloppe du raisin ; nous ne le pensons pas ! Ce principe existe, selon nous, dans les éléments intérieurs du raisin, et se développe d'autant plus que la fermentation a été mieux suivie et davantage élaborée. Ce principe n'existe-t-il pas d'ailleurs dans le sucre, les sirops de fécule, de riz et autres substances sucrées, puisque les vins qui proviennent de leur fermentation ont aussi un arome qui leur est propre ?

L'arome du vin est inimitable, et c'est un bien,

comme c'est peut-être un mal, car il est le seul principe qui fait défaut aux vins préparés par imitation, soit avec du sucre, du miel, soit avec la fécule de pomme de terre, le riz, la plupart des graines céréales et autres[1].

Nous n'en dirons pas de même du bouquet, ce principe éthéré, difficile à reconnaître dans les temps froids, et très-appréciable à la moindre chaleur, et dont on peut approcher d'une manière pour ainsi dire irréprochable en employant, soit nos formules pour l'imitation de celui que possèdent les vins de Bordeaux, de Bourgogne ou de Mâcon (76), soit l'infusion de fleurs sèches et mondées de sureau de l'année, dans le vin lui-même, pour lui procurer le bouquet de muscat, soit enfin les produits œnanthiques de la maison Lebeuf et Cie, déjà cités (133), procurant à toutes espèces de vins, même ceux de liqueurs, le bouquet qui leur est propre et dont nous donnerons, à la fin de cet ouvrage, une liste détaillée avec leurs propriétés et leur prix, persuadés que nous sommes de nous rendre utiles à nos lecteurs.

L'art, ainsi qu'on le voit par ce qui précède, peut, en bien moins de temps que la nature et avec

----

[1] Voir leur préparation dans notre *Traité théorique et pratique de Vinification*, 3e édition.

plus de certitude, augmenter, même procurer au vin le bouquet qui lui manque.

Le bouquet étant d'une grande considération et passant généralement pour faire le mérite du vin, nous ne saurions trop recommander d'employer soit nos moyens ou ceux indiqués ci-dessus, soit encore un ou plusieurs des ingrédients formant la composition des aromes indiqués dans notre *Traité théorique et pratique de Vinification*, avec cette recommandation d'être très-avare dans leur emploi, ayant tout à craindre de l'excès et rien du défaut.

La *séve* se distingue et diffère du bouquet en ce sens que celui-ci se dégage à l'instant où le vin est frappé d'air et qu'il flatte plutôt l'odorat que le palais; sa similitude avec l'arome proprement dit, est telle, que généralement on les confond. La séve se reconnaît à la dégustation, lorsque le vin a une sorte de consistance, sans être ni pâteuse, ni sucrée, qu'il embaume la bouche et continue de se faire sentir après le passage de la liqueur. Elle est, pensons-nous, une modification de l'arome opérée par la réaction des principes constituants du raisin, mais on ne peut la confondre avec ce dernier, l'arome se rencontrant à sa manière dans tous les vins, soit qu'ils proviennent de la fermentation du raisin, du sucre, des sirops et autres, et que la séve ne se remarque seulement que dans certain vin de raisins, n'oublions pas de dire que la séve et le bouquet font le point caractéristique des bons vins et des vins agréables.

Goût de terroir

Nous n'avons pas ici à nous occuper des causes du goût de terroir dans les vins, le négociant n'ayant besoin que de savoir masquer ou corriger, faute de pouvoir mieux faire, la saveur désagréable de beaucoup de vins, qu'à tort ou à raison on nomme goût de terroir. Déjà il sait qu'on corrige ces sortes de vins en les coupant avec d'autres vins très-francs, plus sapides que doux et davantage nerveux que manquant de séve : beaucoup savent aussi que des collages et des soufrages réitérés les corrigent autant, si ce n'est mieux, que par le coupage avec d'autres vins ; mais ce que bien peu d'entre eux ne savent pas, c'est la propriété du charbon végétal dont nous avons déjà parlé (31).

Par le charbon en poudre, nous avons procuré à des vins de Touraine et à beaucoup de vins de mauvais crus, une saveur sinon parfaite, mais plus agréable ; par lui, nous avons encore procuré de

l'aménité à des vins ayant le goût de piqué, de soufre, même celui de fumée, ce que le gaz sulfureux
n'a pu faire.

Enfin, par son aide, nous avons suspendu le pouvoir du ferment sur le vin, beaucoup mieux que
par le gaz sulfureux lui-même.

Ces avantages du charbon sur le soufre, proviennent de ce qu'il est l'agent par excellence, pour
neutraliser tous les mauvais goûts, même celui de
putréfaction, tandis que le soufre n'a d'autre pouvoir que de paralyser momentanément le ferment
provocateur de toute fermentation.

Mais si le charbon, pensera-t-on, enlève le mauvais goût, il enlèvera probablement aussi le bouquet? Cette crainte peut exister, en effet, pour un vin
fait ou tout à fait vieux, tandis qu'elle ne peut pas
avoir lieu pour un vin nouveau, attendu qu'il ne
s'est pas encore développé, qu'en conséquence il
se prononcera, au contraire, plutôt et d'une finesse
d'autant plus grande, qu'il sera mieux débarrassé des
agents qui feraient obstacle à son développement.

Si le charbon, avons-nous dit, enlève tous les
goûts, il ne faut cependant pas en conclure que
tous ceux provenant de terroir céderont entièrement à son pouvoir, car il en est de ces goûts qui
sont tellement tenaces, que tout moyen d'épuration

devient imparfait; dans ces circonstances l'emploi du charbon végétal ne ferait-il que d'enlever en partie le goût de terroir, ce ne serait pas moins toutefois procurer une amélioration au vin.

CHAPITRE XV

—

Du gouvernement et de la conservation des Vins

Inutile de dire que les vins en cercles doivent
être placés sur chantier à une distance telle, que le
soutirage au broc ou à la bouteille puisse se faire
avec facilité. Une observation est seulement à faire :
c'est que les tonneaux doivent être posés bien horizontalement, car, s'ils penchent en avant, la lie se
rassemble près du fond antérieur, et l'on est obligé
de poser la cannelle très-haut pour que la lie ne
sorte pas avec le vin. S'ils sont inclinés en arrière,
lorsque, après les avoir vidés jusqu'à la cannelle,
on les soulève pour faire couler ce qui reste, cela

en fait retarder le soutirage, tandis que dans un tonneau placé horizontalement, la lie se fixe toujours, par son propre poids, au milieu de la cavité intérieure, et tout le vin clair s'écoule sans qu'elle puisse s'y arrêter ; c'est, d'ailleurs, une chose indispensable pour donner plus d'aplomb aux fûts qu'on voudrait gerber dessus.

Les tonneaux ainsi placés demandent à être visités souvent, afin de remédier de suite aux accidents qui peuvent subvenir. C'est surtout pendant le mois qui précède ou celui qui suit les équinoxes, que les vins en cercles exigent une plus grande surveillance ; à ces époques ils sont sujets à fermenter ; les vins nouveaux, et surtout les vins blancs, ont souvent une fermentation très-active ; alors le liquide se dilate, il presse fortement contre les parois des tonneaux, et se ferait jour entre les douves, ou en ferait partir un des fonds si on ne s'empressait de donner de l'issue au gaz acide carbonique qui se dégage de la liqueur, ou plutôt si on ne dégorgeait, à l'aide d'un fausset, quelques litres de vin.

C'est, enfin, à l'époque des équinoxes, que les vapeurs qui sortent de la terre, attaquent les cercles et les pourrissent quelquefois ; ces accidents, qu'on nomme *coup de feu,* sont très-fréquents dans les caves peu profondes lorsqu'elles sont humides et peu aérées ; l'action de ces vapeurs a tant de puissance pour détruire les cercles, qu'on a vu quelquefois toute une rangée se casser à la fois, ce qui occasionne la perte totale du vin.

Il arrive encore d'autres circonstances où le vin se répand goutte à goutte et se perd dans la terre ; cela a lieu quand des cercles se trouvent cassés en dessous, ou qu'il se trouve un ou plusieurs trous de vers dans les douves. On ne saurait trop visiter les caves.

L'expérience a démontré, qu'au point de vue de l'économie et principalement de la qualité du vin, l'enserrage en grands fûts ou en foudre est préférable, parce qu'il y a moins d'évaporation et que l'action de combinaison des principes du vin y est mieux soutenue et opérée plus complétement, le vin, ainsi conservé, est plus corsé, plus vineux et possède davantage de bouquet.

Quel que soit le genre d'enserrage des vins, il faut placer ceux-ci dans des caves ou celliers éloignés de tous mouvements, à l'abri du soleil, des eaux ou autres matières en fermentation, ainsi que des gaz ou miasmes de toutes natures ; on doit de plus, pratiquer aux celliers une ou plusieurs ouvertures, soit au levant soit au nord, afin de pouvoir les aérer au besoin.

Les remplissages, ainsi que nous l'avons déjà observé, doivent toujours se faire autant que possible avec du vin de même âge et de même nature, afin d'éviter toute perturbation.

Comme aussi, s'il survient le moindre dérangement dans le vin ; il faut s'empresser d'y porter remède, tout dérangement étant un indice d'un commencement de maladie : quels qu'en soient les symptômes, on doit mécher un fût et opérer dedans le soutirage du vin.

Quand le vin a, de plus, contracté une légère saveur d'acidité ou d'aigreur, on doit, en remuant, lui ajouter après le soutirage 1 1/2 à 2 litres de lait, agent des plus absorbants et un palliatif de toute acidité naissante, tandis qu'en laissant à l'aigre le temps de se prononcer davantage, le meilleur agent désacidificateur ne parviendra que d'une manière très-imparfaite à en guérir le vin qui en aura été atteint, et encore, ainsi que nous l'avons déjà dit (60), ce sera-t-il au grand détriment de sa qualité.

Nous avons de plus remarqué que, lorsque le vin se dérange de lui-même, l'addition d'un peu de tannin le rétablissait complétement et le préservait de toute maladie.

Nous avons déjà fait remarquer l'importance

d'entretenir les fûts pleins, et on reconnaîtra cette nécessité si l'on se rappelle que nous avons dit que c'est à l'oxygène de l'air contenu dans le vide de la pièce qu'est dû le commencement de l'acescence du vin et de sa détérioration. Lorsqu'on néglige de faire le remplissage une fois au moins par mois, non-seulement les vins peuvent s'altérer, mais encore ils éprouvent une perte notable, en ce sens qu'un fût qui perdra un demi-litre le premier mois, en perdra près d'un litre ou plus au bout de deux.

CHAPITRE XVI

—

De la mise en bouteilles

L'expérience a prouvé que le vin mis en bouteilles par un temps sec conserve sa limpidité ; qu'au contraire, mis en bouteilles par un temps humide ou par un vent du sud, il se trouble.

Le vin se trouble encore lorsqu'il est mis trop jeune ou trop nouveau en bouteilles, attendu que les principes qui le constituent sont encore sous le pouvoir d'une fermentation insensible, fermentation qui progresse au moment de la pousse de la séve et de la fleuraison de la vigne.

Il arrive aussi que le vin, quoique arrivé à sa

perfection par la combinaison intime des éléments qui le constituent, éprouve quelques changements ; cela vient de ce que le vin a de la vie, qu'il a, comme nous, son temps de croissance et de décroissance, et que, comme nous, sa santé est assujettie aux éléments terrestres et célestes ; de là, qu'au moment de la séve, de la fleuraison de la vigne et des variations atmosphériques, il se trouble, tourne quelquefois au gras, ou dépose une partie de sa gravelle, quelquefois aussi une partie de sa couleur ; qu'en temps de chaleur il s'énerve et laisse échapper son bouquet. Abandonné à lui-même, la nature, qui lui a ôté la santé, la lui rend avec le temps ; tandis qu'en cherchant à la lui donner nous-mêmes, semblables au médecin que nous faisons appeler pour nous guérir, nous le tuons le plus souvent.

Pour procéder à la mise en bouteilles, on place un robinet à vis à six centimètres du jable, on l'entr'ouvre pour chasser l'air qu'il contient, on donne un trou d'air avec une vrille, un coup de foret pouvant ébranler la lie, et on exécute le soutirage en bouteilles en entr'ouvrant le robinet de manière à ce qu'il reste continuellement ouvert, c'est-à-dire de façon à ce que l'on ait le temps de boucher une bouteille tandis qu'une autre se remplit.

Pour n'éprouver aucune fuite par le bouchon, il

faut les choisir de bonne qualité ; de même que si l'on veut garder longtemps des vins en bouteilles, il convient de les goudronner afin de préserver les bouchons de l'humidité et des insectes, des cloportes principalement, dont le bonheur est de les ronger au point de pénétrer jusqu'au vin.

On trouve le goudron tout préparé, chez les marchands de bouteilles et chez les marchands de couleurs ; on en prépare d'excellent en prenant, pour trois cents litres ou bouteilles :

Poix résine	1 kilo.
— de Bourgogne	500 grammes.
Suif à chandelles	100 »
Rouge de Prusse	125 »

On fait fondre ensemble en remuant.

Il existe beaucoup d'autres moyens de préparer du goudron que nous croyons inutile de citer ; quel que soit celui qu'on emploie, il est souvent utile de lui donner une nuance.

Pour obtenir un beau *rouge*, il faut adjoindre au goudron, lorsqu'il est fondu, du vermillon.

— un *rouge foncé*, de l'ocre rouge, ou mieux du rouge de Prusse.

Pour obtenir un beau *noir*, du noir d'ivoire.

 —   un beau *jaune*, de l'orpin.

 —   un beau *vert*, de l'orpin et du bleu
de Prusse.

Enfin, le mélange de différentes couleurs donnera d'autres nuances plus ou moins foncées, suivant la quantité que l'on introduira de chacune d'elles.

Deux points essentiels à observer, pour ne pas casser de bouteilles en les goudronnant, c'est de maintenir le goudron à une chaleur toujours au-dessous de celle de l'ébullition, et de ne laisser aucune humidité autour des bouchons des bouteilles.

CHAPITRE XVII

—

Des altérations du Vin. Moyens de les prévenir et de les corriger.

Presque tous les vins sont sujets à beaucoup d'altérations, qui ne sont souvent que des maladies que l'on peut prévenir ou guérir ; les unes sont naturelles et les autres accidentelles.

On considère comme altérations naturelles, toutes celles que contractent les vins sans le concours des causes étrangères, telles sont principalement la *graisse*, l'*aigre*, l'*amertume* et la *dégradation* de la couleur. On nomme altérations accidentelles, celles causées par des circonstances étrangères à la nature du vin et à la qualité qu'il doit au cépage, au sol, au climat, comme les *effets* de la *gelée*, l'*évent*, les *goûts* de *fût*, de *moisi* et d'*œufs gâtés*.

Quelles que soient les altérations et dégénérations du vin, nous sommes autorisé à croire qu'elles sont autant les suites de l'influence des circonstances qui accompagnent et qui suivent la fermentation que du *défaut de proportions respectives des principes constituants*. On comprendra mieux cette assertion en se reportant aux explications données dans notre *Traité de Vinification*.

Quelles que soient les causes de l'altération du vin, les moyens à employer, lorsqu'elles se sont manifestées, ont besoin d'être modifiés selon l'âge du vin, le genre et l'état de la maladie.

§ Ier. *De la graisse des Vins.*

Lorsque la graisse se manifeste, le vin perd sa fluidité et file comme de l'huile.

On a observé que les vins blancs tournent plus facilement à la graisse, notamment ceux qui n'ont pas complété leur fermentation. Cette dégénération a lieu surtout lorsque la saison a été pluvieuse, les vendanges humides et que le vin a plus de *liqueur* que de *séve*, ou qu'il contient moins de *tartre* et de *tannin*. En général, cette maladie du vin exige peu de remèdes ; il est rare que la liqueur ne se rétablisse pas d'elle-même.

Lorsque les circonstances ne permettent pas d'attendre la guérison du vin, on y parvient assez promptement en lui ajoutant, sur 230 litr., 500 gr. de tartre en poudre, dissous sur le feu avec autant de sucre, et battant bien ensuite le mélange, ou simplement 100 grammes ou plus d'acide tartrique, suivant l'état du vin.

On parvient encore à débarrasser le vin de sa graisse en employant 30 grammes de tannin pur, dissous dans un demi-litre d'alcool à 85 degrés, et fouettant le liquide. Nous préférons ce moyen.

Nous avons enlevé la graisse du vin, en lui additionnant quelque peu d'acide sulfurique étendu d'un peu d'eau et le neutralisant, après dégraissage et soutirage du vin, par son même poids de craie en poudre.

Nous avons encore débarrassé le vin de sa graisse, en le faisant passer plusieurs fois dans un tuyau de fer-blanc descendant jusqu'au fond du tonneau, fermé à son extrémité et garni sur toutes ses parois d'une multitude de petits trous.

§ 2. *De l'ascescence du vin.*

L'acescence du vin est sa maladie la plus commune. Elle a principalement lieu sur les vins faits, par la présence de l'air, qui a la propriété d'acidifier tous les liquides vineux; de là, la nécessité de mécher l'intérieur des fûts restés en vidange, ainsi que nous avons déjà eu l'occasion de le conseiller, et d'y permettre le moins possible l'introduction de l'air en tirant le vin, chose devenue facile, en se servant des faussets hydrauliques de Bélicard, inventeur breveté.

Lorsqu'un vin est passé à une acescence prononcée, aucun moyen ne peut guérir le vin qui en est affecté, l'aigreur étant un ennemi, qui reparaît sans cesse, malgré son apparente disparition par les moyens employés pour la chasser. Le mieux à faire, dans pareille circonstance, est d'abandonner le vin au vinaigrier ou de le livrer à une prompte consommation après l'avoir mélangé avec d'autre vin un peu douccreux, ou édulcoré d'un peu de sirop, de sucre, ou de tous autres équivalents.

Le vin passe à l'acescence parce que la puissance fermentescible existe encore dans ses molécules,

et que, ne trouvant plus de partie sucrée à conver-
tir en alcool, elle attaque les autres principes constituants, l'alcool lui-même, et les fait tourner à
l'acide ; de là, l'avantage de soutirer, clarifier, et,
plus encore, de soufrer les vins, pour paralyser le
ferment.

Le vin prend encore de l'aigreur par l'effet de
l'inconstance de la température, qui rétablit un
mouvement spontané dans ses molécules, et aussi
par le manque d'une suffisante quantité de tannin
dans sa constitution.

Qu'il soit léger ou bien vineux, il prend de l'a-
cide par le seul contact de l'air ; de là l'avantage
de tenir les tonneaux toujours pleins et bien bou-
chés, et la nécessité de les déposer dans des endroits
d'une température invariable et moindre que celle
qui établit naturellement une fermentation, tels
que des caves profondes.

Le vin s'aigrit quelquefois, parce qu'il est déposé
sur des chantiers ou sur un plancher mobile ; rece-
vant souvent un mouvement d'agitation, ses lies se
déplacent, se mêlent dans le vin, et y rétablissent
un mouvement de fermentation qui altère ses principes.

Il est enfin une autre cause qui donne lieu à
l'acescence, c'est l'époque de l'année où la chaleur

se renouvelle, c'est celle de la végétation, et le temps où la vigne pousse avec plus de vigueur ; le vin, alors, éprouve un mouvement intestin qui bouleverse sa constitution ; et, si on ne s'empresse pas de diminuer sa disposition à la fermentation, par le soutirage, par la clarification ou par le soufrage, il ne tarde pas à s'altérer.

On prévient la dégénération acéteuse, en écartant toutes les causes que nous venons d'assigner. On la corrige, et on rend les vins plus potables par les moyens suivants :

On ajoute, par pièce de la contenance de deux cent cinquante litres, trente grammes de chaux vive qu'on éteint préalablement avec de l'eau, quantité, d'ailleurs, variable selon le plus ou le moins d'acidité. On agite fortement, on laisse reposer et on tire à clair ; on ajoute ensuite à la quantité du vin soutiré huit ou dix kilogrammes de cassonade ou de sucre, on agite de nouveau, et, après solution complète du sucre, on colle.

Autrement, on soutire le vin dans un tonneau fortement imprégné de soufre, et on le colle, en même temps, avec six blancs d'œuf et leurs coquilles. Cinq ou six jours après, on le soutire encore dans un tonneau plus ou moins soufré, suivant que le vin s'est éclairci et a perdu de son acide ; si ce double soufrage n'enlève pas entièrement l'aigreur, il suspend du moins son action destructive et permet de mettre le vin immédiatement en consommation avant sa nouvelle apparition.

Un moyen bien simple, qui nous a réussi avantageusement pour écouler à la vente des vins aigres, est celui-ci :

On le soutire dans un fût bien méché, et on lui ajoute une quantité égale du mélange suivant :

> Eau, 8 parties 1/2, en mesure.
> Alcool distillé à 60 degrés, bon goût, 1 partie 1/2.
> Sucre, 1 gramme par litre.
> Tannin, 2 décigr.   —

Voici ce qui se passe dans cette opération :

Nous avons mêlé huit parties et demie d'eau avec une partie et demie d'alcool, ce qui rend cette eau au même degré de force que les vins ordinaires, et en versant ce mélange, avec la même quantité de vin altéré, nous ne faisons donc qu'ajouter une liqueur ayant la même vinosité ; d'un autre côté, par cette addition, le vin du tonneau perd la moitié de son acidité, le sucre que nous employons, et dont la quantité peut s'augmenter suivant le plus d'acidité du vin, donne à l'acide, qui est encore en surabondance, un moelleux agréable, au lieu d'être sûr. Le tannin,

de son côté, fournit à l'eau un principe qui lui manquait et un opposant aux effets de l'aigreur. Il y a
donc non-seulement un avantage réel pour la qualité
du vin en employant ce procédé, mais encore un sur-
croit de bénéfice.

Il existe encore d'autres moyens, mais que nous
n'avons pas expérimentés, tels que l'emploi de l'a-
cide sulfurique à la dose de 30 grammes par pièce,
celui de noix sèches à raison de 2, bien brûlées,
et jetées tout enflammées dans chaque litre de
vin, etc.

D'autres moyens, enfin, que nous avons essayés,
mais que nous sommes éloigné d'approuver, consistent dans l'emploi de la soude, de la potasse, de
la craie, du blanc d'Espagne en poudre.

Nous n'approuvons pas leur emploi, parce que
leur effet sur le vin est le même pour chacune de
ces substances; qu'en même temps qu'elles s'emparent de l'acide produit par l'acescence du vin,
elles s'emparent aussi de celui qui lui est propre;
que les vins ainsi traités s'éclaircissent difficilement, même étant collés, qu'ils ont une saveur
étrange, et que leur nuance, au lieu d'être d'un
rouge vif, est d'un rouge fauve ou incertain.

En définitive, notre conseil est de livrer au vinaigrier tout vin atteint d'aigreur, aucun moyen ne

pouvant le guérir radicalement de cette maladie sans attaquer sa constitution.

§ 3. *De quelques autres altérations naturelles.*

Les vins contractent encore avec le temps une imperfection qu'on appelle *amertume*; ceux de Bourgogne y sont très-sujets. Jusqu'à ce jour, l'amertume a été considérée comme une suite naturelle du travail du vin; elle s'annonce toujours par un dérangement dans la couleur; en additionnant à une pièce 135 grammes d'acide tartrique, quelquefois plus, suivant le degré d'amertume, et 10 à 15 grammes de tannin, on arrête souvent les progrès de l'amertume; et si, huit à dix jours après, on le soutire dans un fût méché, et qu'on le colle en y ajoutant 200 grammes de noir végétal bien lavé, on le rétablit dans son premier état.

L'altération de la couleur est, chez quelques vins, et particulièrement chez les rouges, qui sont les plus colorés, un indice de leur vieillesse; mais, lorsqu'elle est due à d'autres causes, elle est alors une maladie. Dans ce cas, les vins rouges deviennent troubles et noirâtres, et les blancs prennent une teinte jaune.

On rétablit les vins rouges en les mêlant avec des vins plus jeunes, ou en leur additionnant un peu d'acide tartrique et principalement du tannin.

Le vin blanc qui jaunit sur sa lie peut être rétabli en le brouillant avec sa lie, le collant immédiatement et le soutirant dans un fût méché ; lorsqu'au contraire, il jaunit après soutirage, les meilleurs moyens à employer sont ceux que nous avons indiqués aux pages 62, 82, 130 et 134.

On voit encore des vins laisser à leur surface des molécules blanches et légères, ayant entre elles très-peu d'agrégation, appelées communément *fleurs;* ce phénomène n'a ordinairement lieu que sur les vins légers ou dont les fûts sont en vidange, mais principalement sur ceux qui ont été allongés d'eau. Il y a lieu de penser qu'il n'est dû qu'à la présence de l'air, ou plutôt de son oxygène ; et ce qui semble le prouver, c'est que dans un fût qui est exactement plein, la création des fleurs n'a pas lieu. Un autre exemple qui nous paraît concluant, c'est que, de deux bouteilles tirées en même temps au même tonneau, tenez-en une couchée et l'autre debout, le vin de celle tenue couchée ne se dérangera pas, tandis que celui de la bouteille tenue droite prendra des fleurs, et, avec le temps, de l'acidité.

Pour enlever les fleurs du vin en bouteille, il suffit de remplir celles-ci entièrement et un instant après de souffler dessus. En remplissant de même les tonneaux, on enlève la plus grande partie des fleurs; mais, pour en priver entièrement le vin, il faut faire le soutirage du vin dans un fût bien méché et le coller.

Les vins qui, par vieillesse ou par suite d'un trop long contact avec l'air ambiant (celui qui nous environne), ont perdu de leur spiritueux, prennent un goût d'évent. Si ce goût est fortement prononcé, il n'y a pas à espérer de les rendre jamais potables; mais si l'on s'y prend à temps, on parvient à arrêter les progrès de la décomposition, en soufrant et soutirant, et en ajoutant un ou plusieurs litres d'alcool et environ 50 grammes de tannin et 500 grammes de bonne huile nouvelle ou de 500 à 1,000 grammes de noir de charbon végétal en poudre bien lavé, ce qui est beaucoup plus prompt et plus sûr.

Enfin, les vins que l'on garde trop longtemps en tonneaux, et qui sont arrivés à leur plus haut degré de maturité sans avoir été mis en bouteilles, prennent ordinairement un goût de vieux particulier,

auxquels vins on donne le nom de vin qui *vieillarde*, et, lorsque ce goût est davantage prononcé,
de vin *passé*. Le meilleur moyen pour rappeler ces
sortes de vins à la vie est de les couper avec un vin
plus jeune et de bonne qualité, dans une proportion telle que ce mauvais goût disparaisse, ou de
les rafraîchir par l'addition d'acide tartrique et
d'un peu de bonne eau-de-vie pour les soutenir.

CHAPITRE XVIII

—

Des altérations accidentelles

Nous avons dit que nous regardions comme tels, les effets de la *chaleur* et de la *gelée*, l'*évent*, les goûts de *fût*, de *moisi* et d'*œufs gâtés*.

Lorsqu'un vin est frappé de chaleur, il en résulte une fermentation tellement tumultueuse, qu'il faut de suite en tirer quelques bouteilles et donner de l'air en débondonnant; autrement, des cercles peuvent se casser, un fond peut s'échapper. Ce mouvement trouble la limpidité, altère la couleur et laisse au vin un goût d'échauffé désagréable.

On emploie plusieurs moyens pour remédier à

cet accident; les uns introduisent de la glace dans le tonneau et l'arrosent fréquemment d'eau fraîche ; d'autres déplacent le vin pour le mettre dans un endroit plus frais ; ce qui nous a réussi efficacement, c'est un double soutirage et collage dans des fûts fortememt méchés et l'emploi de 4 à 500 grammes de charbon en poudre par pièce pour les deux soutirages.

Lorsque la gelée s'est fait sentir, au point de geler le vin dans les tonneaux, le moyen le plus simple est de soutirer ce qui est liquide. La partie aqueuse étant la seule qui se congèle, à moins d'un froid excessif, ce que l'on perd en quantité par ce procédé on le gagne bien au delà par la qualité spiritueuse. Si on laisse dégeler le vin, la couleur devient louche et s'affaiblit. Il faut alors soutirer le vin dans un tonneau fortement soufré, lui ajouter un peu d'acide tartrique pour raviver sa couleur, et un ou deux pour cent d'alcool pour le rehausser en vinosité.

Les goûts de fût et de moisi sont dus au mauvais état des tonneaux, celui d'œuf gâté provient du peu de fraîcheur de ceux qu'on a employés pour le collage. Ces goûts sont difficiles à détruire, pour ne pas dire impossibles, et l'on doit se garder de mélanger ces vins, même à très-petites-doses, avec d'autres vins auxquels ils communiqueraient infaillihlement leur mauvais goût.

On a conseillé, pour corriger les vins ainsi viciés, de commencer par les soutirer dans un fût imprégné de vapeur sulfureuse. On brûle ensuite, comme du café, 150 grammes de froment pour une pièce ; on enferme ce froment dans un fourreau de toile, et on le fait entrer brûlant par la bonde, que l'on bouche parfaitement, en ayant attention de laisser ressortir par cet endroit la ficelle à laquelle est noué le fourreau, afin de pouvoir le retirer, ce qu'il faut faire vingt-quatre heures après ; on verse dans un autre fût environ vingt-cinq litres de lie fraîche, et l'on soutire dessus le vin qu'on veut rétablir ; après un repos convenable, on soutire et l'on colle.

De notre côté, nous avons rendu des vins viciés, réellement potables, en les soutirant et en jetant dedans, à différents intervalles, des charbons bien allumés, puis le soutirant le lendemain dans un fût méché, et fouettant dedans 500 grammes de bonne huile. C'est seulement après huit à quinze jours de repos qu'on peut essayer de les mélanger avec d'autres vins francs de goût.

Nous ferons remarquer, en terminant, que les moyens généralement employés pour remédier aux légers accidents du vin consistent dans le soutirage, le soufrage, le collage et le mélange avec d'autres vins qui jouissent des qualités que le vin altéré a perdues, mais que dans les accidents graves ou de dérangement complet, il faut avoir recours aux moyens que nous avons énoncés.

Quant aux proportions du mélange, on doit concevoir que nous ne pouvons les préciser, étant naturellement subordonnées au degré du rétablissement de la qualité du vin, à la durée qu'on lui réserve, et au goût de celui qui le fait. Pour l'opérer plus sûrement, on peut essayer le mélange dans une bouteille qu'on laissera reposer vingt-quatre heures, et on sera à même d'augmenter ou de diminuer les proportions.

Mais, ainsi que nous l'avons déjà observé, tous les moyens employés pour rétablir les vins affectés de maladie quelconque n'étant que des palliatifs, on doit s'empresser de les mettre en consommation, la maladie ne tardant pas à reparaître avec une nouvelle énergie ; ajoutons pourtant que de toutes les maladies, celle de la graisse est la seule qui se guérit radicalement, soit par le temps, soit par les procédés que nous avons indiqués.

CHAPITRE XIX

—

Disposition et conservation des tonneaux pour les soutirages.

Le vin ayant la propriété d'absorber promptement les émanations des corps qui l'environnent, on ne saurait trop apporter de soins pour empêcher les fûts vides de contracter des goûts étrangers.

Le moyen employé jusqu'à ce jour pour préserver les tonneaux de toute altération est celui de leur soufrage; voyons à quel moment il faut les soufrer.

Une mèche soufrée maintient sa combustion dans

un fût qui était plein et qu'on vient de vider ou qui l'a été il y a peu de jours ; au contraire, elle s'éteint dans le même fût dont on a trop différé le soufrage ; l'exactitude de ces deux faits indique qu'il faut mécher les fûts aussitôt qu'ils sont vides.

Tout fût qui refuse la mèche doit être considéré comme impropre au remplissage, car il procurerait, tôt ou tard, de l'altération au vin, à moins de le purifier par un lavage à la chaux éteinte suivi d'un rinçage à l'eau pure et du soufrage. On pourra exécuter le soufrage, ainsi que nous l'avons déjà expliqué, en mettant le tonneau bonde dessous, et en y insufflant de l'air, à l'aide d'un soufflet introduit dans le trou de soutirage, ou simplement en le tenant la bonde dessous pendant dix à douze heures ; ajoutons que le soufrage doit se faire plus fortement que pour un fût qui prend mèche naturellement, et qu'on doit de plus ne remplir le fût ainsi soufré que vingt-quatre heures après, afin de donner le temps aux vapeurs sulfureuses de neutraliser les parties acidifiées contenues dans les pores du bois.

Il arrive des cas où, malgré le soufrage, les fûts prennent, avec le temps, des odeurs étrangères, appelées, improprement, goût de *fût*, goût de *moisi*, ou bien *mauvais goût*. Dans ces circonstances, l'habitude est de défoncer les tonneaux pour brosser et quelquefois gratter soit des taches, soit de la mousse desséchée, soit une espèce de barbe soyeuse, qui y ont adhéré, opération qu'on fait suivre d'un lavage à l'acide sulfurique étendu d'eau, d'un second lavage à la chaux éteinte ou simplement d'eau et de chaux éteinte; mais, pour nous, tous ces moyens ne sont que des palliatifs nécessaires à rendre les tonneaux tout au plus convenables à contenir des vins dont la consommation aura lieu dans l'espace de quelques jours, mais jamais pour des vins à expédier au loin ou à conserver.

Un fût est-il neuf, on doit, avant de s'en servir, y verser 250 grammes, ou plus, de sel de cuisine et 10 à 12 litres d'eau bouillante, fermer le tonneau et l'agiter de temps en temps en tout sens; quelques jours après, l'eau, étant saturée d'une partie des principes extractifs et solubles du bois, sort du tonneau d'une couleur brune très-foncée; on la remplace par de l'eau propre, une ou deux fois, pour rincer le fût, et après être bien égoutté on le mèche ensuite.

Différemment encore, et ce qui est mieux, c'est, après le lavage, de laisser séjourner, pendant au moins vingt-quatre heures, 8 à 10 litres d'eau bouillante et des fleurs de pêcher; voilà pour les fûts neufs dont l'emploi spécial est pour enfûter les vins nouveaux.

Les vins vieux se mettent toujours, lorsqu'on les soutire, dans des tonneaux avinés, par conséquent dans des tonneaux d'une ou de plusieurs années de service, parce qu'ils maintiennent mieux leur qualité. Ajoutons que, soutirés dans des fûts ayant contenu de l'eau-de-vie, ils s'améliorent singulièrement.

Le rinçage des fûts se fait assez généralement avec une ou plusieurs eaux; ce moyen est imparfait, attendu que l'eau n'enlève que les lies ou les impuretés flottantes, et non celles qui, plus solides, restent attachées aux parois des douves, on doit, pour un bon rinçage, toujours se servir d'une chaîne en fer.

CONTENANCE DES FUTS

ADMISE PAR L'ADMINISTRATION

Avec leur prix des droits d'entrée dans Paris, fixés à raison de 20 centimes 6 par litre.

Anjou	230	} 47 38		Gâtinais	230	47 38
Auvergne	230			La Chaise	225	46 35
Beaujency	236	48 62		Loiret	236	48 62
Beaujolais	215	44 29		Màcon	212	43 68
Beaune	228	} 46 97		Marseille	215	44 29
Bordeaux	228			Nantes	230	} 47 38
Bourgogne, (la feuillette de)	136	28 02		Orléans	230	
				Pouilly-sur-Loire	215	44 29
Cahors	220	45 32		Renaison	210	43 26
Châlon	228	46 97		Riceys	220	45 32
Charlieu	212	43 68		Sancerre	210	43 26
Cher	250	51 50		Sologne	230	47 38
Chinon	228	46 97		Touraine	250	} 51 50
Fitou	220	} 45 32		Vouvray	250	
Gaillac	220					

PLACE DE PARIS

NOUVEAU TARIF DE FRAIS A L'USAGE DES COMMISSIONNAIRES EN VINS, SPIRITUEUX ET VINAIGRES

en vigueur depuis le 1er février 1861

NATURE DES FRAIS.	TAXATION DES FUTS DE								VINS en bouteilles.	OBSERVATIONS.
	135 litres et au-dessous	Feuillette, basse Bourgogne.	137 à 250 litres.	251 à 350 litres.	351 à 450 litres.	451 à 575 litres.	576 et an-dessus.	à l'hecto-litre.	Les 100 bouteilles.	
	fr. c.	fr. c.	fr. c.	fr. c.	fr. c.	fr. c.	fr. c.	fr. c.	fr. c.	
Réception, remplissage et livraison..............	» 20	» 30	» 40	à l'h.	à l'h.	à l'h.	à l'h.	» 15	» 50	
Gerbage à l'arrivée, regerbage après soutirage.....	» 15	» 15	» 20	» »	» »	» »	» »	» 08	» 25	Le Magasinage est compté par période de 30 jours. Toute période commencée est due intégralement.
Dégerbage.................	» 15	» 15	» 20	» »	» »	» »	» »	» 08	» 25	
Magasinage à couvert.......	» 20	» 30	» 40	» »	» »	» »	» »	» 15	» 50	
Id. à découvert.....	» 10	» 15	» 20	» »	» »	» »	» »	» 07 1/2	» 25	
Soutirage ou dépotage......	» 30	» 30	» 40	» »	» »	» »	» »	» 15	» »	
Dépotage pour mesurer.....	» 40	» 50	» 60	» »	» »	» »	» »	» 25	» »	
Collage, fournitures comprises..............	» 30	» 40	» 50	» »	» »	» »	» »	» »	» »	
Cercles.................	» 20	» 30	» 30	» 35	» 35	» 50	» 50	» »	» »	

Cercles en fer..............	» 60	» 75	» 75	» 90	1 »	1 »	1 20	» »	» »	
Peignes, copeaux, palastres plaques.................	» 30	» 30	» 30	» 30	» 40	» 40	» 40	» »	» »	
Douves......	» 75	» 75	1 »	1 »	1 »	1 25	1 25	» »	» »	
Entes et pièces de fond.....	» 50	» 50	» 50	» 50	» 75	» 75	» 75	» »	» »	
Plâtrage	» 40	» 40	» 60	» 60	» 60	» 70	» 70	» »	» »	
Acquit-à-caution, certificats de décharge et régie, timbres, ports de lettre......	» »	» »	» »	» . »	» »	» »	» »	» »	» »	Les déboursés.
Prise en charge d'acquits accompagnant des boissons non consignées et délivrance de nouveaux acquits...........	» »	» »	» »	» »	» »	» »	» »	» 15	» »	
Commission de vente sur les vins ordinaires et les vinaigres...........	1 »	1 »	2 »	à l'h.	à l'h.	à l'h.	à l'h.	1 30	10 »	2 0/0 au-dessus de 63 fr. l'hect.
Commission de vente sur le prix brut des esprits et sur les vins de 101 à 150 fr. la pièce..............	20/0	20/0	20/0	20.0	20/0	20;0	20/0	» »	» »	Dans le cas de transit d'office,
Commission de vente sur le prix brut des autres spiritueux et des vins au-dessus de 150 fr..........	30/0	30/0	30/0	30/0	30/0	30;0	30/0	» »	» »	pour quelque cause que ce suit, il ne sera dû que moitié
Commission de vente sur le prix brut des vins de liqueur.......	40;0	40/0	40/0	40,0	40/0	40;0	40/0	» »	» »	du droit si le retrait de la marchandise a
Commission de transit volontaire.............	» 50	» 50	1 »	à l'h.	à l'h.	à l'h.	à l'h.	» 65	2 50	lieu dans le délai de 4 jours

Demi-commission de vente..... { Elle est due en cas de vente ou de retrait des boissons par le commettant.

Courtage................. { Tout courtage est à la charge de la marchandise, et sera prélevé en sus de la commission.

Ducroire ou commission de garantie des ventes........... { 1 /2 0/0. Ce droit est dû sur le prix brut de toutes les ventes, même sur celles stipulées au comptant, à moins que le payement n'ait eu lieu à la livraison.

{ 0 75 pour 1,000 fr. sur les vins et vinaigres.

Assurance contre l'incendie. (Elle est obligatoire)........... { 1 fr. pour 1,000 fr. sur les esprits et autres spiritueux, et par période indivisible de trois mois.

N. B. Le commissionnaire n'est point assureur. En cas de sinistre, il fait délégation pure et simple aux commettants jusqu'à concurrence de leurs droits sur les assureurs.

CONDITIONS DES VENTES

4 mois de terme ou 2/0 0/0 d'escompte pour les vins de haute et basse Bourgogne, du Mâconnais, de l'Intérieur, de l'Est, et pour les spiritueux.

6 mois de terme ou 3 0/0 pour les vins de toute autre provenance.

————

Les membres de la Commission représentative du commerce des vins et eaux-de-vie,

Émile BALMONT, CHERRIER, CHAMOMONARD, DELALEU, GUÉRIN, GUILLIER aîné, Émile GALICHON, HOUDARD, Émile LEROUX, LIGERON, MARAIS, POUTHIER, RIZAUCOURT, F. VALETTE.

Élie LANQUELIN, *président* ; BAUDEUF, TEISSONNIÈRE, *vice-président* ; AUBRET, *secrétaire.*

UN DERNIER MOT

Maintenant que nous avons accompli la tâche que nous nous étions imposées, si, comme nous, cher lecteur, vous avez le désir de vous rendre utile à tous, nous vous prions de nous communiquer ce que vous avez trouvé inventé ou perfectionné pour la plus grande amélioration des vins, leur imitation, leur conservation et tout ce qui a rapport à l'œnologie, afin que, dans une nouvelle édition, nous puissions, en votre nom, en faire profiter la société.

RENSEIGNEMENTS UTILES

Pour répondre au grand nombre de demandes qui nous ont été faites, nous donnons l'adresse des principaux Négociants, Fabricants d'instruments, objets accessoires et substances diverses employés par les commerçants en vins.

Lesquels négociants et fabricants ont bien voulu nous déposer leurs produits.

ÉLIXIR BONIFICATEUR

DES

EAUX-DE-VIE

DE

DUBIEF

Chimiste

10, BOULEVARD DE FONTARABIE, 10

A PARIS

Procurant instantanément aux eaux-de-vie de Cognac d'un an le bouquet et la séve de celles de six à sept années de vieillesse ;

Aux eaux-de-vie provenant du dédoublage des alcools d'industrie une qualité se rapprochant beaucoup de celles des bons cognacs, s'améliorant encore avec le temps et pouvant être livrées immédiatement au commerce comme eaux-de-vie vieilles, avantage des plus précieux.

—

Un Flacon suffit à bonifier et vieillir 100 litres d'eau-de-vie de coupage, ou 200 litres et plus d'eau-de-vie de cognac.

—

Prix du Flacon : 5 fr., et 6 fr. dans toute la France, franco d'emballage et de transport, contre timbres ou mandats de poste.

—

La Maison accorde sept flacons pour le prix de six.

CLARIFICATION DES VINS

PAR LA

PULVÉRINE D'APPERT

Inventeur des Conserves alimentaires

75, RUE DE LA MARE, 75

3 Médailles d'or à 3 expositions; **2** Médailles de 1re classe, exposition de 1855; récompenses nationales de 2,000 à 12,000 fr. Quatre brevets d'invention.

En cinq minutes, et pour 25 c., une pièce collée et clarifiée en 24 heures.

TABLETTES DE GÉLATINE A VIN

Matières les plus pures et les plus énergiques, première qualité, 4 fr. le kilogramme. (C'est 10 centimes environ par hectolitre.) — Par 5 kilog., expédition FRANCO et payable à trois mois.

S'adresser à l'Usine, rue de la Mare (Ménilmontant), 75, à Paris;

Dépôt principal, Maison Dublef, boulevard de Fontarabie, 10, à Paris.

ENTAIRES
MAISON
APPERT
75, rue de la Mare
(MÉNILMONTANT)
PENTION
itions
TION UNIVERSELLE DE 1855
12,000 francs.
CHOCOLATS
RUE DE LA MARE
Clarification prompte, certaine, économique des liquides.
C. POTEAU. d.
BISSONCOTTARD
PULVÉÉLATINE
Paris mois.

MAISON
APPERT
75, rue de la Mare
(MÉNILMONTANT)
CONSERVES ALIMENTAIRES
QUATRE BREVETS D'INVENTION
Médaille d'Or à trois Expositions
DEUX MÉDAILLES DE PREMIÈRE CLASSE A L'EXPOSITION UNIVERSELLE DE 1855
Récompenses Nationales de 2,000 et 12,000 francs.
LABORATOIRES
PRÉPARATION COLLIN
BUREAUX
MAGASINS
M APPERT
RUE DE LA MARE
Clarification prompte, certaine, économique des liquides.
G. POTEAU J.
PULVÉRINE & TABLETTES DE GÉLATINE
Par 5 kilos, franco, port et emballage, à une gare désignée et payable à trois mois.

PROCÉDÉS LAMBERT-WATIER

Les seuls approuvés

TEINTE CONSERVATRICE

DES VINS

ALFRED LESTAUDIN

Successeur de

MM. LAMBERT, DESJARDINS et LESTAUDIN-WALLON

Maison fondée en 1781

Fabrique rue des Murs, 18, à Reims (Marne)

Cette Teinte, connue depuis très-longtemps dans le commerce pour son utile application à l'amélioration des Vins, assure leur conservation, les préserve des maladies qui peuvent les altérer, leur rend la couleur qu'ils ont perdue, les dégraisse et les clarifie sans le secours de la colle. Son efficacité a été reconnue par la Société de Médecine de Paris, sur le rapport de laquelle a été délivré à M. LAMBERT-WATIER le brevet de fabrication.

Un litre de cette Teinte, ajouté à chaque hectolitre de vin, suffit pour obtenir les résultats indiqués ci-dessus.

Ce liquide peut donner soixante couleurs champagne. Il ne subit aucune altération pendant les plus longs trajets maritimes, et n'est sujet à aucuns droits.

EXPORTATION

DROGUERIE ET HERBORISTERIE

SOUPE

17, RUE NEUVE-SAINT-MERRI, A PARIS

Grande Médaille d'or de 1re classe

A L'EXPOSITION DE LONDRES, 1862

Cette Maison, dont la réputation est établie depuis de longues années, tient d'une manière spéciale les articles de droguerie et d'herboristerie, notamment les substances à l'usage des marchands de vins, dont les noms suivent :

Colle de Poisson pure de Russie.	Gomme Kino
Gélatines pour clarification.	Sirop de Froment
Iris râpé et en poudre	Caramel surfin
Calamus aromaticus	Sucre candi
Roses rouges trémières	Vanille
Amandes	Noix muscade
Coques d'amandes douces	Eau et jus de Framboises
Coques d'amandes amères	Calamant
Fleurs de Pêcher	Brou de Noix
Fleur de Sureau	Goudron de Norvége
	Houblon
	Eaux distillées aromatiques, etc., etc.

PLUS DE VINS TROUBLES

CRIC BEZIAT

Breveté en France et à l'Étranger s. g. d. g.

Mention honorable en 1855. — Médaille d'argent, Paris, 1860.
Londres, 1862, Mention honorable.

Huit années d'expérience et de succès font de cet appareil en fer forgé, sans encliquetage et mû par une hélice, un outil indispensable au commerce et aux particuliers pour le soutirage (dans toutes les positions) des liquides que l'on craint de troubler. Prix : 25 francs. On expédie contre remboursement ou mandat sur Paris.

Écrire FRANCO rue Mouffetard, 114, à Paris, ou Maison DUBIEF, boulevard de Fontarabie, 10, à Paris.

POUDRE OENOLOPHILE

POUR CLARIFIER

Les Vins, Eaux-de-Vie, Rhums, Vinaigres, etc.

DE

C. MAYER

BREVETÉ, MÉDAILLE A L'EXPOSITION DE 1850

Cette Poudre est entièrement composée d'albumine pure, obtenue du sang débarrassé de tous ses
corps étrangers et de son principe d'animalisation.
Elle est employée avec le plus grand succès au collage de tous les liquides alcooliques, sans jamais
appréhender de communiquer aucun goût étranger,
n'en possédant pas elle-même.

S'adresser à l'Usine, rue Pierre-Levée, 11, à Paris

COLORIGÈNE

DE

XAVIER DELAHAUT

PARIS

83, Rue de la Verrerie, 83

Nous recommandons tout spécialement ce précieux produit, obtenu exclusivement du moût de raisin comme étant reconnu supérieur à tous les caramels pour la coloration des eaux-de-vie, et ayant la propriété que ceux-ci n'ont pas, avec le même avantage, de procurer au vin cette teinte, à la fois rouge et dorée qui flatte si agréablement l'œil et qui est tant recherchée dans le commerce; celle aussi, de convenir à beaucoup de vins de liqueurs.

Un kilo de *Colorigène*, qui ne coûte que 1 franc, suffit à colorer 1,000 à 1,200 litres d'eau-de-vie, selon la nuance plus ou moins ambrée que l'on veut obtenir.

Moins d'un cinquième de litre suffit pour procurer à une pièce de vin de 230 litres le velouté doré des vins vieux de bonne qualité

—

Cette maison, fabrique aussi les Sirops de Froment au prix de 52 francs les 100 kilos, et de Glucose.

On y trouve également toutes les sortes de Mélasse.

—

On peut adresser directement les demandes à M. DUBIEF père, boulevard de Fontarabie, 10, à Paris.

PRODUITS ŒNANTHIQUES

DE

MM. LEBEUF ET CIE

à Argenteuil (Seine-et-Oise)

RÉCOMPENSE A L'EXPOSITION DE SAINT-DIZIER

Les produits les plus généralement employés dans le commerce provenant de cette maison sont principalement :

Le bouquet œnanthique du Midi, pour enlever aux vins du Midi et du Centre leur goût particulier, leur donner de la finesse, de la fraîcheur, du bouquet et la séve des vins vieux; prix du flacon pour 230 litres...................... 2 fr.

Bouquet de Pommard et de Bourgogne prix du flacon pour 230 litres.. 3 fr.

Extrait de Bordeaux ou séve de Médoc, pour donner le bouquet du Médoc; prix du flacon pour 230 litres........ 3 fr.

Séve de Beaune, pour donner aux vins le goût et le bouquet des vins de la Côte de Beaune, prix du flacon pour 230 litres.. 3 fr.

Séve de Chablis, pour donner aux vins blancs le montant et le bouquet des vins fins de Chablis; prix du flacon pour 230 litres.. 2 fr. 50

Séve de Médoc (Côte de Saint-Julien), pour donner du parfum aux vins et augmenter leur bouquet; prix du flacon pour 230 litres.. 1 fr. 25

Séve des vins blancs vieux, pour donner aux vins blancs ordinaires le bouquet et la sève des vins vieux; prix du flacon pour 230 litres.. 2 fr.

Séve de Sillery, pour donner aux vins blancs le goût, le parfum et les qualités des meilleurs vins de Champagne. Ce produit est indispensable pour fabriquer des vins mousseux; prix du flacon pour 100 à 150 litres.. 4 fr.

Essence de Madère, Muscat, Malaga, Alicante, Vermouth, Porto, Lacrima-Christi, Grenache, Xérès, Tokai, etc., pour le fabriquer avec du vin ordinaire; prix du flacon pour 25 litres.. 5 fr.

Désacidificateur, pour détruire l'excès d'acide des vins nouveaux, les adoucir et les conserver; prix du demi-kilo pour 6 à 8 hectolitres.. 5 fr.

Teinte Bordelaise, pour colorer, clarifier et conserver les vins; prix de l'hectolitre.. 130 fr.

Teinte conservatrice des vins, pour la coloration des vins; prix de l'hectolitre.. 100 fr.

Veillisseur des vins, veillit, adoucit et clarifie les vins nouveaux en quelques jours; prix du flacon pour 230 litres. 3 fr.

Colle conservatrice des vins, pour les clarifier, les conserver, prévenir et arrêter l'aigre, la pousse, etc., prix du demi-kilo pour 50 hectolitres..................... 5 fr.

Gélatine épurée, inodore et ne décolorant pas, pour clarifier les vins nouveaux; prix du demi-kilo.......... 3 fr.

Diverses poudres pour clarifier les vins selon leur état et constitution, dont les diverses propriétés sont mentionnées dans cet ouvrage, dans l'article du collage des vins.

Enfin une foule d'autres produits à l'usage de MM. les marchands de vins, liquoristes et vinaigriers.

S'adresser à MM. **LEBEUF** et C°, à Argenteuil (Seine-et-Oise),

Ou **MAISON DUBIEF** père, boulevard de Fontarabie, 10, à Paris.

FABRIQUE SPÉCIALE

DE

PAPIER-FILTRE

Rond et à Cottes

DE

PRAT-DUMAS

Breveté

DE COUZE (DORDOGNE)

Filtrant le double de liquide que les meilleurs papiers employés jusqu'à ce jour, soit-il vineux, spiritueux, sucré, acide ou alcalin, même huileux ou gras, et les lies de vins plus particulièrement.

Sa forme ronde, ses différentes grandeurs et le choix des matières employées à sa fabrication, font qu'il présente tous les avantages de la qualité pour, non-seulement filtrer promptement les lies de vins, mais être encore employé avec économie et un plein succès au collage des vins, même de ceux qui sont les plus rebelles à se clarifier. Quatre feuilles de 50 centimètres de diamètre bien humectées d'abord, mises ensuite en pâte et fouettées dans deux litres d'eau ou de vin, suffisent à clarifier en 12 heures une pièce de vin de 230 litres.

La liasse de 100 feuilles :	f.	c
de 15 centimètres de diamètre.........	0	50
19	0	60
25	0	75
33	1	15
40	1	35
45	1	55
50	1	80
80	7	50

Ce papier se trouve dans les principales maisons d'épiceries, de drogueries et chez les marchands de de papier.

Le dépôt général est chez M. MENIER, rue Sainte-Croix-de-la-Bretonnerie, 37, à Paris.

ALAMBIC D'ESSAI

DE

J. SALLERON

Adopté par l'administration des Contributions indirectes et par l'Octroi de Paris pour la perception de l'impôt sur les boissons.

Cet appareil, pour lequel M. SALLERON a été breveté par le gouvernement, a pour but de mesurer la richesse alcoolique de tous les spiritueux. (Voyez page 32 et suivantes.)

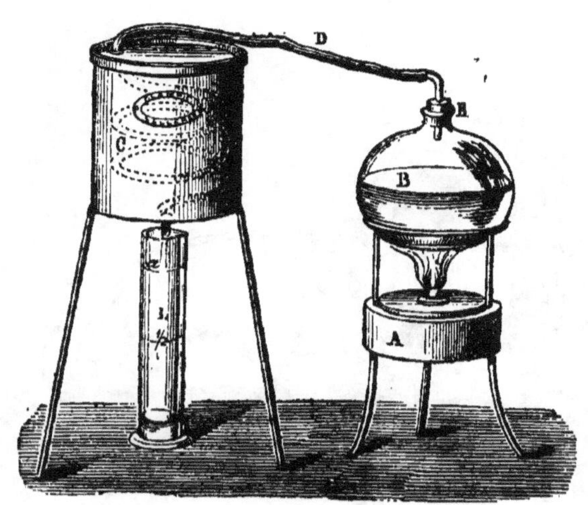

PRIX : 25 FRANCS

Maison DUBIEF père, boulevard de Fontarabie, 10, à Paris.

POMPES

A dépoter et transvaser tous les Liquides

DE

STOLTZ FILS

Constructeur-Ingénieur-mécanicien

Plusieurs fois breveté, 25 Médailles aux diverses Expositions

PARIS

10, RUE DE BOULOGNE

Ces pompes, dont le grand commerce apprécie chaque jour tous les avantages pour dépoter et transvaser tous les liquides avec une promptitude remarquable, comme vin, cidre, bière, spiritueux, vinaigre, etc., etc., sans aucune perte de liquide ni évaporation, en conservant les fûts intacts, se meuvent à bras et se déplacent à volonté pour passer d'un fût ou d'un foudre à un autre.

Le mécanisme de ces pompes est simple, des plus ingénieux et des plus solides : pour s'en servir il suffit de mettre le tube aspirateur dans le trou de la bonde du fût que l'on veut vider ; en faisant ensuite tourner le volant de la pompe, l'on élève le liquide avec toute facilité (soit par le bas, soit par le haut) par un autre tuyau dans un autre fût, foudre ou réservoir placé à n'importe quelle hauteur et distance destinée à le recevoir.

Ces pompes peuvent encore, à l'aide d'accessoires additionnels, servir à tout autre usage, pour maisons, usines, arrosages, incendies, etc., etc. Elles peuvent de plus se placer de toute manière, fixes et mobiles. La grandeur et leurs prix sont établis suivant les besoins, et elles peuvent être mises en mouvement soit à bras d'homme ou par un moteur quelconque.

S'adresser chez le CONSTRUCTEUR ou à M. DUBIEF père, boulevard de Fontarabie, 10, à Paris.

NOUVEAUX CHANTIERS

FACILITANT

Le tirage des Vins et tous autres Liquides

PORTE-FUTS-CHANTIERS EN FER

PAR

A. BARRE

Breveté en France et à l'Étranger, honoré de trois Médailles et de trois Mentions honorables

Rue des Fossés-Montmartre, 23, Paris

Ce Porte-Fûts à vis, en fer et fonte de fer, sert à la fois de chantier et de cric, dont il supprime les inconvénients.

L'expérience a démontré qu'il rend de très-grands services, surtout pour les vins fins et les liquides précieux. Au moyen d'un levier mû par une vis, le tirage se fait jusqu'à la dernière goutte sans aucun mélange de lie ou dépôt. Il n'y a donc aucune perte, et, comme sa construction facilite au mieux la circulation de l'air autour du tonneau, les accidents connus sous le nom de *coup de feu* sont rendus impossibles.

L'utilité du *Porte-Fûts* n'est pas seulement pour le soutirage du vin, mais encore, et avec le même succès, pour tous les liquides renfermés en cercles, cidre, bière, spiritueux, huile, etc., etc.

Au moyen de barres d'assemblages on peut lier entre eux les Portes-Fûts de manière à former un chantier s'allongeant et se divisant à volonté.

PRIX : Un Chantier pour futs.

De 25 à 100 litres, avec levier à vis, 16 fr. Sans levier 6 et 8 fr.

2 à	3 hectolitres avec levier	22		12
3 à	6 —	—	35	25
6 à	10 —	—	45	45

Porte-Fûts spécial pour limonadiers (à l'usage des bières) 9

Rampes pour monter les fûts sur l'appareil, pour fûts de 100 à 300 litres...................................... 8

Rampes pour fûts de 3 à 10 hectolitres............. 15

Sur commande on établit toutes sortes de modèles, quelle que soit la capacité des fûts.

On trouve dans la même maison des Porte-Bouteilles en fer rond, très-forts, et à des prix réduits.

Nota. *Le Siècle* du 21 décembre 1862 a fait ressortir l'utilité et les avantages de ces nouveaux chantiers économiques.

IMPRIMERIE
LITHOGRAPHIQUE

Fondée en 1820

ANCIENNE MAISON TELLIER AINÉ

BRION

SUCCESSEUR

RUE DU TEMPLE, 14, A PARIS

Nous recommandons les étiquettes de cette Maison comme méritant la préférence tant pour la beauté du dessin que pour la vivacité et la fraîcheur du coloris. On y trouve l'étiquette riche, l'étiquette simple, l'étiquette longuette ; enfin tout ce qui est à l'usage des Distillateurs, Confiseurs, Parfumeurs et des Marchands de vins fins et de Champagne.

Spécialité d'étiquettes vernies

IMPRESSIONS DE COMMERCE

LE
MONITEUR VINICOLE

JOURNAL

DE BERCY ET DE L'ENTREPOT

ORGANE DE

La production et du commerce des Boissons & Spiritueux

Paraissant

LE MERCREDI ET LE SAMEDI DE CHAQUE SEMAINE

8 années d'existence

Bureau et Administration : à **Paris**, rue de l'Université, 8

	Six Mois	Un An
France...............	**11** francs	**20** francs
Étranger............	**14** francs	**24** francs

REVUE VITICOLE

Annales de la Viticulture et de l'Œnologie Française et Étrangère

PAR C. LADRAY

La *Revue viticole* paraît chaque mois par livraison de 2 à 5 feuilles grand in-8°, avec couverture imprimée.

Le prix de l'abonnement est de 12 francs par an pour toute la France ; pour l'Étranger, on payera en sus les frais de poste suivant les conventions postales.

On s'abonne chez M. SAVY, libraire à Paris, rue Bonaparte, 20.

Ou à Dijon, chez M. LAMARCHE, libraire, place Saint-Étienne.

GÉLATINE-LAINÉ

CLARIFICATION ET BONIFICATION PROMPTE

SURE, ÉCONOMIQUE

De toutes espèces de Vins et Eaux-de-Vie

PRIX DU DEMI-KILOGRAMME : 5 FRANCS

(C'est 20 centil. environ pour un hectolitre)

Au moyen de la GÉLATINE-LAINÉ, les vins les plus épais, les plus troubles, les vins fatigués, durs, âpres, chargés, les vins blancs, gras et filants, deviennent parfaitement limpides, sains, mûrs, faits et fondus; les eaux-de-vie et liqueurs sales ou colorées par accident redeviennent pures par le même procédé. Chaque paquet contient une instruction détaillée sur la manière très-simple, du reste, d'employer la GÉLATINE-LAINÉ.

Adresser les demandes à M. DENI, rue Saint-Anastase, 7, au Marais, Paris

SOUTIRAGE DES LIQUIDES

DE BONDE A BONDE

Plus de Chevalets et Siphons, plus de Robinets, Boyaux et Esquives

3 MÉDAILLES A DIVERSES EXPOSITIONS

APPAREIL PLANCHON et Cie

Breveté s. g. d. g.

Deux minutes pour trois cents litres.

Les avantages incontestables qu'offre cet appareil sur les systèmes anciens sont :

1° Légèreté, simplicité, grande économie de temps et pas de contact de l'air sur le liquide ;

2° Les tonneaux, quelle que soit leur capacité, sont soutirés jusqu'à la dernière goutte, et leur contenu peut être transmis à toute distance et à toute hauteur désirables au moyen de tubes d'ajustages.

3° A l'aide du robinet, on arrête l'écoulement à volonté ;

4° On peut laisser au fond de la futaille la lie ou tout autre résidu, sans le moindre inconvénient.

S'adresser à M. Constant LABURTHE, à Mont-de-Marsan (Landes).

GRANDE
FABRIQUE DE TONNELLERIE

En tous genres

BROCS PERFECTIONNÉS

ULYSSE FIGUS

Magasins et Ateliers, 121, rue de Charonne, Paris

Maison recommandée pour la perfection des brocs en bois, la bonne confection des barils pour tous les usages, cerclés en fer, en cuivre ou en bois, les baquets en cœur, baquets à rafraîchir, entonnoirs, etc. Elle tient généralement tous les articles de caves et de magasins à l'usage des marchands de vins.

12

MACHINE

A BOUCHER

LES BOUTEILLES ET LES FLACONS

DE

CHALOPIN

Inventeur-constructeur

BOULEVARD DE LA CHAPELLE, 24, A PARIS

18 *Médailles et récompenses aux diverses expositions*

La **MACHINE CHALOPIN** est solide, gracieuse, tenant peu de place, portative et peu coûteuse. Elle est de plus d'un emploi excessivement facile et avantageux, évitant le mâchage des bouchons, et préservant les bouteilles de la casse. Un homme, tant soit peu exercé peut boucher 300 bouteilles à l'heure, n'importe avec quelle grosseur de bouchons.

Prix : depuis 10 francs jusqu'à 170 fr., suivant la force et la forme.

S'adresser chez l'inventeur.

TABLE DES MATIÈRES

—

Divers ouvrages de l'auteur............ 5

Discours préliminaire 9

CHAPITRE PREMIER

De la Connaissance des vins............................... 13

CHAPITRE II

Appréciation et Dégustation des Vins... 17

§ 1. Appréciation des vins par ros organes...... 17

§ 2. Appréciation par les instruments de physique............ 30

§ 3. De l'examen chimique du vin......................... 33

    Examen par les réactifs. 34

    Examen par le calorique............................ 38

    Résumé des diverses analyses... 41

CHAPITRE III

De la Distinction des vins............................ ...   45

CHAPITRE IV

Du Mélange ou Coupage des Vins...........   47
Coupage pour un vin de première qualité......   51
— Pour un vin de deuxième qualité...................   52
— Pour un vin ordinaire..............................   52
— Pour un vin à la bouteille..........................   53
Autre pour imiter les vins de Bordeaux, Bourgogne, Macon et
autres 76, 144
Principes à observer pour le coupage des vins...............   53

CHAPITRE V

Du Vinage des Vins....................................   63
Tannin substitué à l'alcool, par l'auteur, comme meilleur conservateur des vins.........,....   66

CHAPITRE VI

Amélioration des Vins...........   68
Moyens de décolorer les vins blancs passés au jaune, 69, 82, 130, 134
Moyen, de trois pièces de vin, en faire quatre de meilleure qua-
lité et à meilleur compte..   69
Autre amélioration et conservation des vins..................   72

CHAPITRE VII

De l'Imitation des Vins.......................... . 74
Préparation des teintures et infusions nécessaires pour imiter
   les vins.. 74
Teinture d'iris.................................... 74
   —   de racines de fraisier........................... 75
   —   de tartrate de fer............................... 75
Infusion de brou de noix desséché........................ 75
   —   de framboises.............................. 75
   —   d'amandes................................. 75
De la Coloration des vins................................ 77
Des Vins de fismes ou vins de teintes.................... 78
Moyen particulier de l'auteur pour disposer un vin de teinte,
   identique à celui du raisin............................ 79
Autre moyen... 80
Des Vins de lies et de leur amélioration.................. 81
Emploi avantageux des lies......................... ... 82, 171
Du Rajeunissement des vins.............................. 85
Du Vieillissement des vins............................... 86
Moyen avantageux de procurer une deuxième fermentation au
   vin.. 96

CHAPITRE VIII

De la Confection des vins mousseux...................... 91

CHAPITRE IX

Du Vin muet et de ses avantages..................... 50, 96

CHAPITRE X

Des Vins de Liqueurs et de leur imitation......... 97
Opérations des infusions nécessaires pour la bonne confection des vins de liqueurs.. 98
Infusion de framboises...................... 99
—   de noix vertes............................. 99
—   de girofle............................. 99
—   d'iris...................................... 99
—   de calaman............................... 100
—   de coques d'amandes amères..................... 100
—   de café.................. 100
Dissolution de goudron.................................... 100
§ 1er. Recettes et opérations des vins de liqueurs.

MÉTHODE DU MIDI

Vin d'Alicante.................................... 101
— de Chypre.................................. 102
— de Grenache................................ 102
— de Lacrima-Christi........................... 103
— de Madère................................. 103
— de Malaga................................. 104
— de Muscat de Frontignan...................... 104
—   —   de Lunel.............................. 105
— de Tokay................................. 105
— de Xérès................................. 105
Vermout de Turin............................... 106

§ 2.   MÉTHODE DE PARIS

Vin de Madère................................. 109
— de Malaga................................. 109
— de Muscat ordinaire.......................... 110

Vin de Lunel... 110
 — de Porto.. 110
 — de Rota.. 111

CHAPITRE XI

DE LA CONSERVATION DES VINS EN FUTS PLEINS ET EN VIDANGE... 112
Moyen de conserver toute la qualité du vin jusqu'à la dernière
    goutte dans les fûts qui restent longtemps en vidange.... 117, 121

CHAPITRE XII

DU SOUFRAGE OU MÉCHAGE DES VINS........................ 116
Soufrage à l'acide sulfureux................................ 118
Soufrage aux mèches soufrées.............................. 119
Méchage à l'alcool....................................... 120
Observations essentielles sur le soufrage des vins............ 122

CHAPITRE XIII

DU COLLAGE OU CLARIFICATION DES VINS.................... 125
Des Agents clarificateurs................................. 127
Collage du vin par la colle de poisson...................... 128
    —   par les blancs d'œufs........................ 128
    —   par le sang des animaux...................... 129
    —   par la pulvérine d'Appert.................... 130
    —   par la poudre œnolophile de Mayer............ 132
    —   par les poudres de MM. Lebeuf et Cᵉ.......... 135

Collage du vin par le lait.. 133
—   par la gomme arabique...................... 133
—   par la gélatine........................... 133
—   par les cailloux.......................... 133
—   par le sable............................. 134
—   par l'albâtre gypseux..................... 134
—   par l'albâtre calcaire.................... 134
—   par le papier............................ 134
Considération sur le collage des vins................... 136
Le vin doit-il rester sur colle......................... 138

CHAPITRE XIV

Arome, Séve, Bouquet et Gout de Terroir................... 142
Imitation du bouquet des vins de Bordeaux, Bourgogne Mâcon et autres... 76, 144

CHAPITRE XV

Du Gouvernement et de la Conservation des vins............. 148

CHAPITRE XVI

De la Mise en bouteille.................................... 153
Préparation de goudron de toutes nuances pour cacheter les bouteilles.. 155

CHAPITRE XVII

Des Altérations du Vin, Moyen de les prévenir et de les corriger.   157
§ 1er. De la graisse des vins.   158
§ 2.   De l'ascescence   160
Moyen particulier de l'auteur pour corriger les vins aigres et acides et d'en réduire le prix de revient.   163
§ 3.   De quelques autres altérations naturelles.   165
Moyen d'enlever l'amertume du vin.   165
Altération de la couleur et moyen de la rétablir.   165
Causes des fleurs du vin, moyen de les éviter et de les enlever.   166
Moyen de rétablir les vins qui ont pris le goût d'évent. . .   167
Moyen de rétablir les vins qui vieillardent et les vins passés.   168

CHAPITRE XVIII

Des Altérations accidentelles du Vin et moyen de les guérir.   169
Moyen d'enlever le goût de fût, de moisi et d'œufs gâtés.   171

CHAPITRE XIX

Disposition et Conservation des Tonneaux a insérer le Vin.   173
Disposition des tonneaux neufs avant leur remplissage.   175
Conservation et disposition des tonneaux destinés pour les remplissages. 118, 176

CHAPITRE XX

Contenance des fûts, admise par l'administration, avec leur prix des droits d'entrée dans Paris...................... 177

Tarif de frais sur la place de Paris, des commissionnaires en vins, spiritueux et vinaigres, depuis le 1er février 1861...... 178

RENSEIGNEMENTS UTILES

Propriété du tannin pour les vins...... 66, 73, 159, 165 et suivant.

Propriété du charbon pour les vins. 31, 81, 145, 165 et suivant.. 171

Propriété du noir d'ivoire.............................. 130, 134

Propriété de l'huile.............................. 167, 171

Conservation du sang à l'état liquide.................... 130

Conservation de la colle de poisson à l'état liquide.......... 128

Un dernier mot.. 181

RENSEIGNEMENTS ET ARTICLES RECOMMANDÉS

Élixir bonificateur des eaux-de-vie de Dubief.............. 183

Pulvérine d'Appert.................................... 184

Teinte conservatrice des vins Al. Lestaudin.............. 185

Herboristerie et droguerie, Soupe...................... 186

Cric Béziat 187

Poudre œnolophile de Mayer 188

Colorigène de Delahant................................ 189

Produits œnanthiques et bouquets des vins de Lebœuf et Cᵉ.... 191

Diverses poudres pour clarifier de Lebœuf et Cᵉ.............. 193

Papier filtre de Prat-Dumas... 194

Éprouvette pour le vin de Salleron........... 196

Pompes à dépoter de Stoltz fils........................... . 197

Porte-fûts-chantiers A. Barre... 199

Impression d'étiquettes Brion... 201

Le Moniteur vinicole........... 202

Annales de la viticulture et de l'œnologie, C. Ladray.......... 202

Gélatine-Lainé. 203

Appareil à soutirer.. 204

Brocs perfectionnés... 205

Machine à boucher de Chalopin... 206

Tous les articles ci-dessus peuvent être demandés à M. Dubief père, boulevard de Fontarabie, 10, qui s'empressera de répondre aux renseignements ou aux demandes qui lui seront adressés.

PARIS. — TYPOGRAPHIE MORRIS ET Cᵉ, RUE AMELOT, 64.

PARIS. — TYPOGRAPHIE MORRIS ET COMPAGNIE

Rue Amelot, 64.